U0359491

王伟斌 主编

玉道

⑤ 玉之和

九州出版社 | 全国百佳图书出版单位

引 言

古往今来，玉是品鉴中华传统文化深刻内涵与弘扬传统智慧、见证中华文明瑰宝的至高境界，玉以其独有的特质成就万古渊流：玉之祭祖、玉之通神、玉之劳作、玉之兵伐、玉之王权、玉之礼仪、玉之尊荣、玉之雕琢、玉之美器、玉之祈福、玉之鉴赏。

自古至今，玉与中华之美、中华之礼、中华之史交相融合、一脉共生，这是玉文化的发展与外延，也是中华民族的发展与见证。以玉修身、以玉养性、以玉明心、以玉载德、以玉悟道、以玉包容、以玉和谐，玉与中华节操、中华美德、中华和谐互为表里、水乳交融，这是玉文化独特的内涵与神韵。

作为玉器的玉，其灵魂是德，作为玉文化的玉，其灵魂是和！也唯此方可诠释玉文化之博大精深，唯此方可尽述玉文化之源远流长，唯此方可彰显玉文化之高远深邃！

玉之和，是玉文化的最高层次。

目录

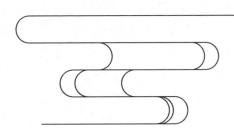

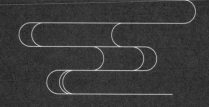

第一章

和玉精神

玉文化的灵魂

"

中华民族所追求的"人生如玉，玉如人生"
的生活境界，及"和玉精神"所引领的"社会和谐、
心灵和谐、人人和谐、各美其美、美人之美、
美美与共、天下大同"崇高境界，正是东西方
文明所孜孜以求的共同目标。

"

成史美德和，玉文化全部内涵

人类对事物的认知总是遵循着一定的程序，先是感性的搜集，再是理性的归纳与升华，而这有意识地归纳并形成规律与价值观后，再将主观意识重新反馈到感性的活动，就意味着系统文化的产生。

《周易》说"天垂象，圣人则之"，一语道破了整个人类波澜壮阔的历史文化的缘起。汉代许慎《说文解字》说："仰则观象于天，俯则察法于地，观鸟兽之文与地之宜，近取诸身，远取诸物。"智慧的古圣先贤，通过自己的眼耳鼻舌身对大自然进行感知、体验，再以心灵去思考、演绎，去探寻万物之间的关系和运行的规律，就有了古老的文化、文字、文明。

在几百万年漫长的旧石器时代，不知道祖先无意识地把玉当

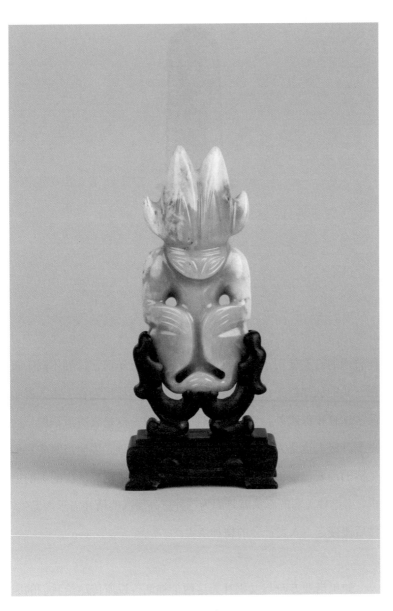

玉道㈤玉之和

黄玉太阳人

青玉蝉

作普通的石头使用了多久。但是在大约一万年前，这种不同于普通石头的认知终于被确认出来，美玉的装饰作用是在上古人群中除了饮食和保暖外，第一次出现美的需求。这是人类意识的一次重要升级，也是人类文明诞生的一个重要基础。说明当时先民们生活的需要已经不仅仅是温饱了，而是产生了更高层次的美的追求，玉这种美丽的石头就是因为这种更高层次的精神需求而诞生，然后慢慢走上人类社会的精神塔尖。

如果诺亚方舟与女娲补天这两个神话传说所传达给我们的原始信息是准确的，那么我们的人类文明很可能开始于一次覆盖全球的大洪水。中华民族的祖先因为对昆仑山及玉石独有的情怀，而珍重玉，崇拜玉，直至把玉融入了盘古创世的神话以及女娲补天的传说之中，把玉和东方世界的起源与民族的起源紧密联系在了一起。

玉文化与中华文明同时起源这个推论，在最具代表性的考古发现中都得到了有力的证明。在大约一万年前的旧石器时代与新石器时代过渡期，玉不约而同地被华夏大地很多区域的先民发现和使用，并慢慢走上神坛，成为祭祀的圣物，也成为他们相互联系、相互交流的纽带，更成为文明发展程度的象征。而这些区域聚居的先民依靠着共同的玉石崇拜，最终走到了一起，形成了最早的华夏民族。直至君子比德于玉之说，古典玉文化初步形成，而中华民族的核心价值观，也完整诞生。由石成玉，琢玉成器，以器载道，以道立德，承载了对世界的认知，凝聚了民族的形成，这就是玉之为物的起源，我们称之为玉之成。

最早的玉是祖先装扮自己的饰品，之后慢慢走上神坛，在原始社会晚期作为人神沟通的灵物而存在。直到国家和阶级出现，它从神权的象征变成王权的象征。随着物质的丰富和思想的进步，它又从王权中解放出来，变成美好生活的象征。在近万年的发展变迁中，"玉"经历了巫玉、王玉、民玉等几个不同的大历史阶段，在每个历史阶段都是最高的文化象征之一，与宗教、政权、文化、

青玉五彩沁牲尊

民生相互影响，可以说玉是中华民族文化体系重中之重的文化圭臬。原始社会的巫玉、商代的征玉、西周的礼玉、东周的德玉、汉代的葬玉、魏晋的食玉、隋唐的金镶玉、宋辽金元的生活玉、明清时期的盛世玉，无不表明玉在中华民族发展的历史长河中扮演着重要的角色。这就是玉之为物的演变，我们称之为玉之史。

千百年来，玉为佩，为饰，为祭器，为兵器，为礼器，为葬器，为陈列器，为把玩器，形成纷繁复杂的种类和变化多端的造型，更不断地倾注着历代工匠的心血和智慧、历代先哲的思想、历代帝王的理念、历代文人的情思，成为最能反映中华美学思想的器物之一。从史前到清代的玉器中，其美学风格由抽象逐渐过渡到

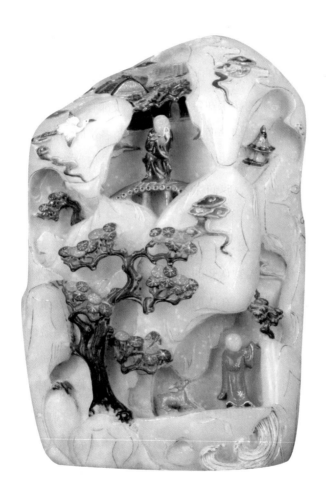

玉道㈤玉之和

白玉贴金彩绘人物山子

写实，又从写实慢慢回归到抽象，从神秘化到仪式化，从风雅化到世俗化，最终到清代达到各种美学手法综合运用的巅峰期。由狞厉刚劲发展到圆润流畅，由巫、王、礼而走向民间，更进一步成为独立发生发展的中华传统艺术体系。玉器自始至终则贯穿着其所特有的象征性意义，从尽其精微、致其广大的角度折射着中国古代伟大的美学思想，其丰厚的美学意蕴和价值让人迷醉其间，物我交融。琢玉的艺术在每一个历史阶段都有新的时代创新与发展，形成了各个时期鲜明的时代特征，与各个时期的美学思想相互呼应，相互印证。琢玉的文化在形成与发展过程中，产生了无与伦比的视听体验，我们称之为玉之美。

玉之成、玉之史、玉之美都是目之所及、耳之所及、触之可及，可以说是对一种器物认知的较浅层次，也是任何一种器物或多或少都能包含的层次。在我们的历史中，曾有青铜盛行的时代，曾有金银盛行的时代，曾有陶瓷盛行的时代，曾有木器盛行的时代，而唯有玉器，从原始社会一直流行到今天，并始终在最崇高的位置。这不间断且不沉沦的发展历程，肯定有其特别的原因，这原因就是玉具有人格化的德性。玉的德性源自于本身所具有的物理特性：温润、致密、通透……更源自于孔子等先贤思想的赋予：温润而泽，仁也；缜密以栗，知也；廉而不刿，义也……玉的特征同君子的特征完美和合，玉被人格化为君子的象征，玉德也成为世间最美好的品质，成为教化万民的道德标准。这是其他一切器物，即便是贵为硬通货的金银也不能具有的殊荣，这是玉之德。

在玉之德的驱动下，古往今来，玉是品鉴中华传统文化深刻内涵与弘扬传统智慧、见证中华文明瑰宝的至高境界，玉以其独有的特质成就万古渊流：玉之祭祖、玉之通神、玉之劳作、玉之兵伐、玉之王权、玉之礼仪、玉之尊荣、玉之雕琢、玉之美器、

翡翠一相无相山子

糖青玉和合二仙摆件

玉之祈福、玉之鉴赏。自古至今，玉与中华之美、中华之礼、中华之史交相融合、一脉共生，这是玉文化的发展与外延，也是中华民族的发展与见证。玉的内涵已经远远超出德的范畴！以玉修身、以玉养性、以玉明心、以玉载德、以玉悟道、以玉包容、以玉和谐，玉与中华节操、中华美德、中华和谐互为表里、水乳交融，这是玉文化独特的内涵与神韵，所以说，作为玉器的玉，其灵魂是德。作为玉文化的玉，其灵魂是和！也唯此方可诠释玉文化之博大精深，唯此方可尽述玉文化之源远流长，唯此方可彰显玉文化之高远深邃！玉之和，是玉文化的最高层次。

玉之成、玉之史、玉之美、玉之德、玉之和，从形而下到形而上，由器及道，一步步地诠释出玉文化的全部内涵。

和玉精神，玉文化的灵魂

　　中华民族拥有独具特色的文化属性，这种文化属性源于民族诞生时期的宇宙观。这种宇宙观逐步沉淀为文化基因，对民族的发展产生深远的影响，也可称为民族性格。如果用一个字来代表中华民族的民族性格，那么一定是"和"字。"和"的理念可谓源远流长，在《辞源》里面有"调""顺""谐""合"等多种含义，而在古代，它的意义比现代更加宽广、更加深刻。"和"字在中国历史上出现很早。《尚书》出现"和"字共42次，《老子》一书出现了5次，《论语》出现8次。

　　"和"在中国古代社会中的意义主要体现在三个方面：一是人自身之和，是人的身体和心理的相互调和，从现代的角度更像是指的身心健康；二是人与人之和，是人与人之间包容、理解、和睦相处的关系，这包括家庭的和睦与社会的和谐；三是人与自

古代朝堂图

然之和，是处理好人和天地山川、自然生态的关系。这三个方面分别被古代三大思想源流所注重，成为它们最主要的思想特色。道家提倡"天人合一"以调节人与自然的和谐，儒家尊崇"仁爱"的思想协调社会内部的人与人关系的和谐，佛家信奉"色空不二""万法唯识"，用以调节人心性与自身及万物的和谐。儒、释、道从不同角度诠释了"和"这一重要的文化本源。中国传统文化所强调"和"理念，不但是几千年古代社会的智慧中心，也是新时代中国构建和谐社会重要的文化传承与思想基础。

玉文化与中华文化一脉共生、协同发展的秘诀，也在这个"和"字。玉文化具有极大的包容性与延展性：于儒家文化而言，它是儒家所弘扬的仁义礼智信基本精神的载体，是君子的化身；于道家思想和道教文化而言，它是道家天时地利人和的产物，是道教修炼飞升的仙药；于佛家文化而言，它是山河大地的舍利，是极乐世界的七宝，是纯净心灵的法器；于国家政权而言，它是受命于天的权力，是国家祭祀的重器，是协和万邦的礼器，是阶级身份的标配，是调动军队的符节，是传承国祚的宝玺；于社会经济而言，它是超越金银的稀有材质，是国家财富的象征；于民生文化而言，它是美好爱情的见证，是陶冶性情的艺术品，是趋福避凶的护身符。玉文化的"和"概括起来也是在调节人与自身的关系、人与人之间的关系，以及人与自然之间的关系，它与中华文化的"和"是一体两用，殊途同归。

碧玉鹌鹑宝盒

"和"是中国文化的基因，同时也是玉文化的灵魂和本质，更是二十一世纪人类智慧的凝聚。玉文化与中华文化和而不同、和合共生的性质，体现出的是一种伟大的包容精神，我们称之为"和玉精神"。

　　"和玉精神"是在玉文化及其他优秀传统文化和当代和谐思想的基础上，总结凝炼的具有普世价值的、跨时代的文化精神，"和玉精神"基本内容是倡导天人合一的和谐理念：强调身心和谐、人人和谐、天人和谐。这不仅是玉文化的灵魂，也是中华传统文化追求的最高境界。这种根植于中华文明源头与民族发展史全过程的和谐基因，沉淀在历代的玉器上，也发展在当代的玉雕作品中。他们不但陈列在博物馆的厅堂里，也流通在人们的日常生活中。

　　将玉文化和"和玉精神"通过当代人喜闻乐见的形式展现出来，传播出来，不仅在中国的社会具有普世的教育价值，也可以成为贯通东西方文化交流的桥梁。

　　人类迈入二十一世纪，科技迅猛发展，信息高速公路无处不在，导致全球文化一体化，多元文化在逐渐消失，国家、种族、宗教间在谋求对话的途径，人类谋求找到一种"大的和谐"来拯救文明，维系和平。伴随着中国经济的不断发展，中国传统文化

黄玉三阳开泰摆件

的不断复兴，作为具有几千年历史，而唯一没有消失的四大文明古国，中国必将成为全球瞩目的文化圣地。

中华民族所追求的"人生如玉，玉如人生"的生活境界，及"和玉精神"所引领的"社会和谐、心灵和谐、人人和谐、各美其美、美人之美、美美与共、天下大同"崇高境界，正是东西方文明所孜孜以求的共同目标。作为文化大国和经济强国，我们倡导"和玉精神"，"和玉精神"能够超越语言和文化的差异，融合宗教和信仰的不同，实现人类共同的幸福追求，彰显人类超越种族、趋向大同的生态智慧。

"和玉精神"可以将文化精神凝固于有形之物，实现艺术文化化、文化故事化、故事生活化、生活体验化、体验产品化、产品标准化、标准复制化的时代创新，将承载文化精神的服务与产品面向世界，被全人类广泛认同，成为传播伟大文化遗产和精神信仰的有形之器。

蒙慈悲仁爱，得如玉人生

成史美德和，是玉文化的全部内涵，"和玉精神"是玉文化的灵魂，这是代表当下中国的中华传统文化的创新与发展，也是玉送给全世界的精神礼物。

玉之成者——

混沌初开，乾坤始奠，天地震动，玉孕其中。熔岩冷却，历亿年之幻化，聚天地之精华，是为成玉之艰；昆仑苦寒，行万里之险途，耗万人之物力，是为取玉之难；山水有别，分种属之优劣，定德符之高下，是为辨玉之惑；材质坚密，经繁琐之工序，凝匠人之巧思，是为琢玉之繁。

玉之史者——

绵延上万年的玉文化，从文明起源之前玉器与文明因子的结

白玉悟道山子

青玉贴金彩绘四方瓶

翡翠雪中送炭摆件

白玉并蒂花插

合，到玉礼器产生，伴随中华文明起源的肇始期、发展期以及最终的形成期，玉文化指引着中华民族的起源，是中华民族起源的最基本的奠基石。从"玄圭赐禹"到"比德于玉"，从"完璧归赵"到"奥运金镶玉"，一部玉文化的发展史就是中华民族的发展史。

玉之美者——

亿万寒暑炼就莹润坚实的天然之美，日月精华馈赠容颜永葆的健康之美，天地万籁形成金声玉振的声乐之美，传世能工巨匠赋予的艺术之美，祖祖辈辈祈求福寿双全的吉祥之美，和世代文明濡染下的人文之美。其料、其工、其型、其纹、其意，无不传承着中华美学秉天地、经人伦、明本心的高贵气质。

玉之德者——

仁、义、礼、智、信，君子五德玉皆有之，故我中华民族自古即有"君子比德于玉"之说。慈悲仁爱，君子仁德，如玉石温和，润泽光彩；正义奉公，君子之义，如玉正直刚毅，仁爱存心，包容万物；尚礼守法，君子有礼，如玉全不张扬，谦下恭谨，有礼有度；崇智求真，君子智慧，如玉纹理细腻，思想缜密，处事周全；诚实守信，君子之信，如玉表里如一，诚信不欺。

玉之和者——

玉文化与国家政治、社会经济、战争军事、文化思想、对外

黄玉和合二仙摆件

交流表里相合，玉文化与天子、王公、士大夫、农民、工匠、商人等阶层道同契合，玉文化与儒家、墨家、道家、法家、名家、农家、杂家、阴阳家等诸子学说不谋而合，玉与诗、词、歌、赋、琴、棋、书、画等技艺珠联璧合，玉文化已渗透到中华文化的每一个角落。

玉和玉文化的形成过程便是中华文明演进的过程、个体生命的成长过程，故曰：

经风霜雨雪，成良材美质。
怀广大胸襟，和天地万物。
秉宽容感恩，悟人间正道。
蒙慈悲仁爱，得如玉人生。

这便是玉文化对个人智慧提升、道德完美、人格完善乃至实现"身心健康、事业成功、家庭幸福"如玉人生的启迪与教化价值。

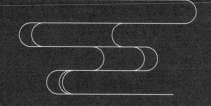

第二章

金丹玉醴

道家神仙的美食

"

丘处机与玉器业有关的诸种传说事迹皆不
见史载，但却在民间广为流传。而北京白云观
的燕九节也成为了玉器行业祭拜祖师爷最盛大
的节日。

"

从被褐怀玉到金丹玉醴

  玉文化以德为体魄，以和为灵魂，对中华文化的各个方面都产生了深远的影响，可谓一玉通太初，一玉通二元，一玉通三宗，一玉通五行，一玉通九流，一玉通百家。尤其是中华文化的三大主流文化儒家文化、道家文化、佛家文化，无不将玉奉为至宝。

  玉文化的这种影响，在不同的历史时期又有明显的时代特征。以西周的礼乐制度为土壤萌生的儒家文化，在汉代被确立为国家的核心思想，而玉文化与儒家文化结合最紧密的年代，恰恰是西周到秦汉这段时间。源于原始祭祀及图腾崇拜的中国本土宗教道教，汲取了道家文化的营养后，在汉代发展成熟，到了魏晋南北朝时期一度成为国家的主流宗教，而玉文化与道教丹道思想的结合也在这个时期达到了顶峰。

古籍中道教的符咒图

东汉末年通过丝绸之路传入中国的原始佛教，在魏晋时期同老庄思想和同存异，相互融合，终于在唐代实现了大乘佛法的盛世，诞生了东方独有的禅宗，对整个亚洲的宗教与文化发展产生了深远的影响。在隋唐时期，玉甚至成为了佛祖的影骨舍利，被历代帝王所供养。宋代，儒释道三大文化体系逐渐融合，玉文化也以更加生活化、世俗化的形式构筑着古代中国那个最美的时代。

填朱青玉召万神符牌

　　玉与儒家文化的结合体现在对整个国家政治制度和教化体系的构建。玉与道家文化的结合却多了些曲折，传统的"儒释道"指的是儒家（儒教）、道教和佛教，以老子学说为根基的思想称为道家思想，道家思想和道教又有着很大的区别。道家思想是以老子、庄子为代表的崇尚"道法自然"和"返璞归真"的哲学体系，而道教则是吸收了道家思想的黄老之学，以长生不老、羽化成仙为主要目的的宗教信仰。

汉代之前，道教虽然还未成立，但是吸收早期神话传说、神仙方术、道家思想的道教已经开始了孕育。在社会大变革的过程中，在西周作为礼器的玉器开始逐渐衰落，不同功能的玉器制品、装饰品开始大量出现。

进入汉代之后，统治阶级崇尚黄老之学，施行道家思想里的无为而治，玉文化也开始逐渐和道家思想融合起来。东汉张道陵（俗称张天师）将老子的道家思想作为理论基础，在中国古代崇拜鬼神的观念上，吸收了战国以来的神仙方术、阴阳五行等学说，创立了中国境内第一个宗教意味的教派——道教。道教以"贵生""成仙"为自身追求，以《庄子·人间世》中"虚室生白，吉祥止止"的吉祥观念为源头，从此以宗教信仰的方式传播吉祥祈福的观念。

道家作为一个思想学派，和道教这种宗教有很大差异。道家思想的集大成者老子在《道德经》中说："故致誉无誉。是故不欲琭琭如玉，珞珞如石。""知我者希，则我者贵，是以圣人被褐怀玉。"老子认为圣人就像穿着粗布衣服而怀里揣着玉的人，过多的炫耀反而与道不相应。这体现了道家"安贫乐道""知足常乐"的思想。

道教则是一个非常积极入世的宗教组织，追求长生不老、得

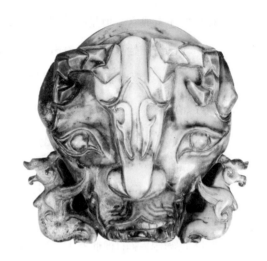

白玉兽面

青玉仿古瑞兽

道成仙的思想影响着教众。同道家思想相比，道教与玉和玉文化的融合更为紧密。道教的信众们以玉为仙药，希望通过食玉来达到长生不老的目的；也以玉为葬器，以确保起死回生或者转世；道教还将玉圭等形制的玉器奉为神秘的法器，禳灾辟邪。

汉代之后道教的信众直接以玉圭为原型，创造了道教意义的图纹玉圭。这是道教从宗教角度对中国上古巫术、神仙信仰的继承，通过对神话故事的改造，以修道成仙为追求，将自身教义建立在中国神话传说、吉祥祈福的文化基础上，以满足民众趋利避害的心理。

道教认为玉器所具有的辟邪功能被社会无限夸大，专用于辟邪驱鬼的刚卯、玉辟邪、玉天马、玉螭虎等玉器在汉魏时期非常盛行。陕西北郊墓葬的东汉玉辟邪，昂首挺胸、张口露齿，器物造型威武，是迄今为止发现的一件最大的汉代玉制辟邪。安徽亳县凤凰台汉墓出土的玉刚卯、玉严卯都是用于驱疫逐鬼的代表玉器。收藏在安徽亳州市博物馆的玉司南佩也是被当作辟邪器物来佩戴。河北定县中山穆王刘畅墓出土的神仙故事玉座屏，两片玉分别有人物、凤鸟、神兽等图案，学界公认屏饰内容为"东王公、西王母"，是道家神仙形象在玉器中体现的代表之作。

在道教的意识世界里，玉是最为高阶的存在。道教称天帝为

黄玉寿星大山子

玉皇、玉帝，称仙官为玉童、玉女、玉郎。道教的神仙境界或居住在玉峰、玉京、玉清，或生活在玉阙、玉宸、玉房、玉华。道教将自家的典籍称之为玉书、玉章或玉牒，将人体称之为玉庐、玉都，将头发称之为玉华、将鼻子称之为玉垄，鼻孔称之为玉洞，嘴巴称为玉池，唾液称为玉津。从天帝仙官到神仙洞府，再到人体器官，道教都用玉来冠名，说明道教对玉的崇尚已经深入骨髓。

　　道教的"贵生"观念让民间出现了大量带有吉祥寓意的用玉趋势，这是儒家、佛家思想里从未同玉相结合的领域。道教养命理论之中所认为的"守一"，是指天地、山川、星宿和人的五官脏腑都有神守，只有守一存真，让各部的神灵不离其职，才能够"外攘邪恶，使灾祸不干"。东汉时期，带有"长乐""宜子孙""延年"等古语的玉璧成为道家和玉文化互相促进的明证，也是中国玉文化中吉祥文化的发端，也让道教在这个大历史时期的玉文化之中占据了主导地位。

从食玉成仙到黄庭玉经

　　魏晋时期是中国玉雕艺术发展的低谷期，虽然它连接了汉唐，但因为社会动荡，礼制纲常成为摆设，战乱导致丝绸之路中断，玉料输入量减少，玉器的系统制作与工艺水平的发展几乎陷入停顿。这个阶段是玉文化由王权神圣化向生活情趣化转变的缓冲期。这一时期儒家文化衰落，汉代以来的礼玉制度和佩玉习俗被抛弃，而道教却为玉文化的存续提供了避风港。

　　作为本土文化的民间宗教，道教得道成仙、超脱现实、祈求太平的思想极大投合了上层士大夫长生不老的欲望和下层民众在乱世中自我保全的需要，魏晋时期名士们"托杯玄胜，远咏庄老""以清谈为经济"，喜好饮酒，不务世事，以隐逸为处世哲学，饮酒、服药、清谈和纵情山水是普遍崇尚的生活方式，被后世称为"魏晋风度"。

魏晋风度

在魏晋时期，道教用玉主要表现在食玉、丧葬和以玉为法器三个方面，其中玉可以作为长生不老的仙药出现在很多道教典籍的记载之中，"食玉者寿如玉"的相关理论遍布道教。而以玉为葬器，制作眼帘、鼻塞、口塞等，认为"金玉在九窍则死者为之不朽"也是这种长生思想的延续。魏晋时期的传世玉器并不多，而葬玉的比例却比前代更大，可见当时的人们对于葬玉的重视。食玉是为了生，而葬玉是为了回生，这都是和道教"养生""贵生""不死"思想联系在一起。

如果说汉代儒家的礼玉、佩玉制度体现的是礼制和德治，主要侧重于政教和道德行为的修养，那么到了魏晋时期道教用玉方

蓝田生玉

式则更多地侧重于现实人生，也就是身体的修炼和生长。

　　在道教眼中，玉是自然界的精华，不仅有生命，而且还具有多种超自然的秉性。《搜神记》中记载，杨伯雍曾经在终南山种了一颗石子，数年之后玉子生于石上，后来在玉田中得白璧五双。晋代道教代表人物葛洪说："玉脂芝，生于有玉之山，常居悬危之处。玉膏流出，万年以上，则凝而成芝，有似鸟兽形，色无常彩。率多似山玄水苍玉也，亦鲜明如水精。"这些论述赋予了玉奇特的生命力，可以生长、变化，对于世俗迷信有极强的吸附性，玉的神秘属性和附加的种种传说融合在一起，构成了道教本体中最神秘的一部分。

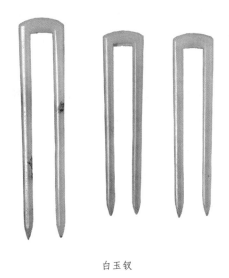

白玉钗

道教还认为玉能通灵，能飞升。汉代郭宪《洞冥记》记载，"神女留玉钗以赠（汉武）帝，帝以赐赵婕妤"，后来这玉钗居然化作白燕飞天而去。晋代王嘉《拾遗记》记载，秦始皇"以淳漆点玉虎眼"，玉虎居然跑走。葛洪和南朝陶弘景甚至认为玉可以令人身体轻盈，让人羽化登仙，他们赋予了玉无限神奇的力量。

道教用玉有非常强烈的迷信成分，但从汉代之后的几百年里，一直非常受社会各阶层的欢迎，这其中有道教教旨和玉本身特性的关联，也有对上古时期沟通人神巫玉功能的继承，更有对儒家礼玉制度的改造，还有对少数民族和域外文化的吸收与融合。传统玉文化和道教"贵生"思想的融合，特别是玉作为祥瑞之征可以祈福远祸能力的弘扬，让玉这上古的神器和王权与君子的象征开始彻底走入民间。

英国著名学者李约瑟曾经说过："中国的道教从一开始就有长生不死的概念，在世界其他国家的宗教没有这方面的例子，这种观念对科学具有难以估计的重要性。"这一论断肯定了道教关于"生"的追求。因为对现实生命长生不老的追求，使道教和西方的基督教、伊斯兰教更倾向于"死后世界"相比有极大的不同，进而对中华文化、医学的推动产生了不可估量的作用。

中国唯一一部以玉为名的经典就是道教的《黄庭经》。道教神话传说《黄庭经》本是东海方诸宫中所秘藏的一部经书，以"金简刻书之"，足见其珍贵。而扶桑大帝君宫中仙人，多斋戒诵读此经，刻玉书之，故又称之为《玉经》。

《黄庭经》由《黄庭外景玉经》《黄庭内景玉经》组成，《中景经》系晚出道书，成书于两晋。此套经书实际是由天师道祭酒魏华存（上清派祖师）从天师道分出自创门户而普传于世，宣传为太上玉晨大道君所作。《黄庭经》为道教养生修仙的专著，它继承了《心术》《内业》《黄帝内经》《老子河上公章句》以及《太平经》等思想，发扬了黄老医学有关脏腑、经络、精气的理论，着重阐述存思生神、守固精气的理论和方法。黄庭内外二经首次

白玉内景图山子

提出了人体三丹田、八景二十四真理论和相应的修炼方法，对上清派的形成有着特殊的意义。在唐宋时期流变为内丹道，成为中唐以后道教养生方术的主流。

《黄庭经》不但影响了后世的道教发展，二经中的脏腑、经络、穴位、精气及阴阳五行学说，还对中华的医药学、解剖学、养生学产生了巨大的影响。历史上有不少书法家如欧阳询、虞世南、褚遂良、赵孟頫等，或写法帖，或为文作序，传为千古佳话，故此经的持久影响，已远远超出道教范围。

从玉雕理念到玉雕祖师

隋唐之后，儒释道三教在统治者的倡导下开始相互融合，唐高祖李渊曾提出"三教虽异，善归一揆"，唐玄宗时期张九龄也极力主张调和三教，称"至极之乐，理归于一贯"。道家思想在魏晋吸收了儒教和佛教思想后，也开始在唐代表现出入世的智慧与气息。

唐代国力的昌盛让玉器的工艺也随之再度兴起，与更早之前大量的祭器、礼器不同，以杯、碗、盅为造型的实用器物开始大量出现，纹饰方面也充满了生活气息，缠枝花卉、瓜果鸟兽都成为玉器的主要题材，人物和动植物造型的刻画上追求浪漫情怀，尽显真实、细腻而厚重的时代风格。大唐多元的文化盛世促使玉器从礼仪的庄严向生活的情趣转变，开启了实用美观的玉器艺术时代。佛道共存的玉如意，既是佛教圣物，也是道教的法器，佛

玉花卉纹梳背

道思想在吉祥如意的生活观念上实现了融合。儒道共存的观赏石体现出道家"不事雕琢、天然成趣"的审美，也结合了儒家寄情于石的人文气息。这一时期的道教将玉器和普通人的祸福联系在一起，将玉所隐含的神秘与吉祥力量推广到民间，极大丰富了玉雕的题材与寓意。

　　道家思想对于玉雕美学思想的影响不但是始终的，甚至可以说本来就是一体不可分割的。老子的"道法自然"和庄子的"既雕既琢，复归于朴"的美学思想，一直是中国古典玉雕美学思想的中心。到了宋代，这种追求物我两忘和大美天成的艺术思想在各种器物上均达到了极致。玉器不尚雕琢，必须能够表达虚静的心境。清新高雅、自然恬静的含蓄美成为这一时期玉器的特色。玉雕的童子、小鹿、仙鹤、古松体现出道教关于长寿的美好愿望。这一时期的道教用玉不再通过辟邪和丧葬来彰显，而是将道教思想和纹饰结合，与玉器完美融汇。

道教对玉器艺术的影响在明清时期达到了高峰，福寿双全、松鹤延年、五福捧寿、喜上眉梢、溪山访友、松下抚琴等吉祥寓意的玉器层出不穷。玉山水更是直观地反映着道教的成仙思想，山林即是道场，观宇即是归处。这种设计正是道家"悟妙"思想的最好体现，追求画面的多重性和境生于象外的审美情趣，玉文化的审美从未离开过人们对宇宙、自然和人生的认知与感悟。

道家思想和道教对于玉器艺术的影响远不止于美学和题材纹样，在玉雕技术的发展方面也做出了巨大的贡献。《道德经》曰：

白玉松鹤延年摆件

万物负阴而抱阳，冲气以为和。古人用阴阳来表达他们对于宇宙起源的认识，而道家则认为阴阳是混沌从无序运动转向有序运动的开始，这种有序的运动导致了太极的诞生，随后才有了天地的出现。阴和阳作为同一事物的两种属性，和大自然中各种事物都有密切的联系，如天地、昼夜、冷热、雌雄等，它们既对立又统一，互相制约，消长依存。这种阴阳观念对于玉雕技术发展产生了深远的影响。

阴阳思想首先在玉雕结构上为玉器雕刻带来了规则。南朝时期绘画理论家谢赫提出"六法"，其中之一就是经营位置，后人称之为章法、布局。玉雕构图必须运用对立统一法则，讲究主次、虚实、呼应、远近、疏密、聚散、开合、藏露、平衡等矛盾关系，达成"自一以分万，自万以治一"的效果。玉雕创作中巧用玉料的不同色彩，称之为俏色。利用玉石本身的颜色巧妙布局，从而更好地体现玉雕创作的主题是道家阴阳观最直接的表现。

和田青花玉料常有俏色工艺，因为它独特的黑白同料特点，运用道家阴阳观，以白色为"阳仪"代表正面、强大、运动的事物，以黑色为"阴仪"代表反面、弱小、静止的事物，可以取得极佳的艺术表现力。在"墨白玉春山观瀑山子"中，玉料的白色都被处理为流水、烟雾、浮云等，而黑色多被设计为高山、森林等，让玉雕创作更加合理美观，更切合玉雕主题。

墨白玉春山观瀑山子

道家的思想中，宇宙本源是一个无形的状态，但又不是绝对的死空、顽空，而是大有，故曰大象无形，老庄称之为"道"。万象皆从空中来，所以玉雕中的空白并不是真空，而是一种生的流动，正是因为有它才有了气韵。阴阳思想中此消彼长和虚实结合的变化，在玉雕艺术理论中成为强调虚实相生的实践，线条、物像和远近的虚实让玉雕获得意象之美。清代书画家笪重光由此而提出了"虚实相生，无画处皆是妙境"，玉雕的妙境很多时候都在无雕琢处，在空白处。

　　正是因为宇宙观诞生宗教哲学，宗教哲学是美学的基础，而美学又促进艺术发展的递进关系，中国玉雕工匠的祖师爷诞生在中国传统文化艺术最发达的宋代，而身份恰恰就是道教的大宗师也就是偶然当中的必然了。宋代道人丘处机，成吉思汗曾诏请他掌管天下道教。但他一个不为人知的身份竟然是琢玉行业的祖师爷，玉器行业的艺人们也尊敬地称他为丘祖。

　　在中国历史上有三次意义非凡的西行之旅，第一次是汉代的张骞出使西域，目的在于联合西域各国合攻匈奴，是一次伟大的政治之旅；第二次是唐玄奘的西行取经，意义在于求取真经，是一次伟大的文化之旅；第三次便是全真派掌教丘处机，古稀之年远赴万里之外大雪山，觐见成吉思汗，目的在于救赎天下苍生，是一次伟大的仁爱之旅。

丘处机（1148 年—1227 年），字通密，道号长春子，登州栖霞（今属山东省）人，道教全真教掌教、思想家、政治家、文学家。丘处机为南宋、金朝、蒙古汗国统治者以及广大人民群众所共同敬重，并因以 74 岁高龄而远赴西域劝说成吉思汗止杀爱民而闻名世界。

1168 年，丘处机拜全真道祖师王重阳为师。后在陕西宝鸡和陇州龙门山潜修十余年。这期间，因学识与修为卓越，开创了道教龙门派，进而全国闻名。1216 年，金宣宗下诏请丘处机赴汴梁，但丘处机认为金朝皇帝有"不仁之恶"，推辞未前往。1219 年，宋宁宗诏请丘处机赴临安，丘处机认为南宋皇帝有"失政之罪"，

丘处机

也推辞未前往。同年，成吉思汗派使者带诏书前往山东邀请丘处机前往蒙古帝国相见，丘处机说"我循天理而行，天使行处无敢违"，欣然同意前往。

1220年，丘处机挑选门人弟子赵道坚、宋道安、尹志平、李志常等十八名弟子离开山东昊天观，历时几个月到达燕京，这时他已经73岁。但丘处机听说成吉思汗已经统兵西征中亚，而自己年事已高倦冒风沙，欲约成吉思汗来燕京会见，于是写了一份陈情表。成吉思汗忙于西征战事，不能东到燕京，便写了回复诏书。丘处机知道燕京会见不可能，便于1221年春天西出居庸关，途经漠南和中亚地区一路西行。1222年4月，丘处机抵达"大雪山"（今兴都库什山）八鲁湾行宫觐见成吉思汗，实现了历史上著名的龙马相会（成吉思汗属马，丘处机属龙）。成吉思汗称他为"神仙"并问道三次，丘处机的布道核心可总结为：第一、长生之道，清心寡欲；第二、一统天下，不乱屠杀；第三、仁政首要，敬天爱民。成吉思汗会晤丘处机后，停止了对所占领之地无辜百姓的杀戮。因为这条止杀令，在元朝后期灭宋的过程中挽救了无数汉族及各族百姓的生命，这就是历史上著名的"一言止杀"。

1224年春天，丘处机应燕京官员的邀请主持天长观。1227年，成吉思汗下诏将天长观改名长春宫（今北京白云观），并赠"金虎牌"，以"道家事一切仰'神仙'处置"，即诏请丘处机掌管

白云观

天下道教。同年农历七月初九日，丘处机在长春宫宝玄堂逝世，享龄80岁。

天下百姓为纪念"丘神仙"劝导成吉思汗一言止杀，挽救中华大地无量众生的功德，遂定其生辰正月十九为燕九节，岁岁庆祝至今，现已成为京津地区的著名风俗之一。

那么这位在中国宋金元时期和道教都产生了巨大影响的丘真人，怎么会成为玉雕行业的祖师爷呢？在《白云观玉器业公会善缘碑》（下称《善缘碑》）中记述了丘处机与玉器业有关的故事。这些传说大致有以下几方面内容。其一，学琢玉，点石成玉。《善缘碑》载：丘处机学道时周历名山大川，"遇异人，多得受襄星祈雨、点石成玉诸玄术。理会奥妙，法密邃深。"玉行中又传说，丘处机小时候住家旁边有一个玉器作坊，丘处机在那里学会了全套琢玉技艺，后来遇到一位很有学问的道长，鼓励、督促他提高琢玉技艺，造福世人。丘处机遵照道长之嘱，云游各地学习技艺，最远到过新疆，他的相玉之术就是在玉石的故乡和阗学会的。

其二，教燕民治玉之术，救民于苦难。《善缘碑》载：丘处机"慨念幽州地瘠民困，乃以点石成玉之法，教市人习治玉之术。由是燕石变为瑾瑜，粗涩发为光泽，雕琢既有良法，攻采不患无材，而深山大泽，瑰宝纷呈。燕市之中，玉业乃首屈一指。会其道者，奚止万家。"玉行中又传说：元建都后，丘处机定居白云观，但他不是传经布道，而是致力于玉器制作。他还在贫苦人家子弟中挑选一些青少年传授技艺。由于丘处机的提倡和扶植，北京才有了玉器业，白云观也成了丘处机传艺的讲习所，丘处机还编了《水凳歌诀》传授琢玉知识。

其三，救玉器匠人之命。传说元太祖为给公主办嫁妆，命令一百个玉器匠一个月内打造上万件玉器珍品，否则杀头。在这么短的时间内根本无法造出这么多的玉器，玉器匠们只有死路一条。丘处机知道后马上面见元太祖，说一万件玉器由他一人承担。于是他使动法术，果然制成一万件玉器，救了众工匠的命。丘处机与玉

玉道⑤玉之和

青玉福禄塔式炉

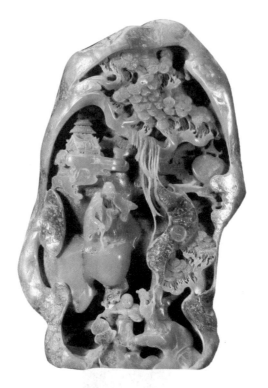

青玉合道图山子

器业有关的诸种传说事迹皆不见史载，但却在民间广为流传。而北京白云观的燕九节也成为了玉器行业祭拜祖师爷最盛大的节日。

后人尊丘处机为玉器行业的祖师爷，同他有着超凡的琢玉技术和点石成玉的神话有着直接联系，但被一个行业尊为祖师仅靠神话和技艺是远远不够的。丘真人在三个方面卓越的成就使他不但超越了其他行业的祖师，而且超越了道教的其他祖师，流芳千年。

其一，云游天下及在北京白云观掌天下道教期间，不以私利为目的，借助玉雕技术的传授造福于当地百姓，以"技"救民于贫困，造福广大后人。北京至今都是中国玉雕技艺的中心之一，这才是真正的"教授"。

其二，掌管天下道教而不自居高，不讲玄说妙。将道教的智慧融入到一件件精美的玉器中，融入到琢玉的过程中，融入到对帝王的影响中，以玉载道，琢玉治心，以无为行圣人不言之教，普度天下有情，这才是真正的"教育"。

其三，顺天爱民，不顾74岁高龄行程万里远赴大漠雪山，历时两年觐见成吉思汗，一言止杀挽救天下亿万生命免遭屠戮，这才是真正的"教化"。

这朴素的"教授""教育"与"教化"，在后人看来，远远比儒家所推崇的圣人"立功""立德""立言"的三不朽更加宽广，更加厚重，更加感天动地。丘真人也好，丘神仙也好，丘祖师也罢，都不能诠释这位道教最伟大祖师及玉雕祖师的大道真容。

是丘处机选择了玉，还是玉选择丘处机，不可道也。

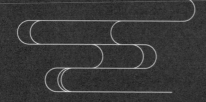

第
三
章

玉魄禅心

佛家智慧的象征

"

以玉为"影骨"舍利，享受与佛真身骨舍
利相同的供养规格，既保护了舍利，也彰显了
佛家"色空不二""真妄一如"的核心思想。

"

以玉为接引，佛教得融汇

作为中国的三大主流思想文化之一，佛教文化在中国传统文化之中的影响极其深远，作为外来文化甚至超越了本土的道教。从古代印度进入到中国之后，佛教在流传和发展的过程中与中国玉文化产生了逐步融合，最终互相渗透，互相促进和激发，并通过吸收玉文化加速了自身的发展，巩固了社会地位。而佛教大量的义理和独特的审美理念也更加丰富了玉文化的内涵和形式，为玉器意象、雕琢和创作带来了无限的灵感。

佛教东传是中国文化史上第一次大规模外来文化的输入，传说西汉明帝梦见有金人飞行在殿堂之上，第二天便询问群臣，太史傅毅回答："西方有神，其名曰佛。"于是明帝派遣了十八人前往西域访求佛道，使者带了两位印度僧人迦叶摩腾和竺法兰回到洛阳。僧人带来经书和依照释迦牟尼真人刻画的佛像，并建造

佛教传法故事图

了中国第一个佛教寺院——白马寺，佛教正式来到了中国。

　　作为异域宗教，佛教从传入中国的开始就受到了儒道两家文化的影响和渗透，而佛教的思想也开始和中国文化融合。中国儒道思想经历了中国社会几千年的发展与变迁，是通过自然认知和生活感悟总结出来的天人道德伦理思想，它流淌在国人的精神深处。佛教是陌生的，但所教导的清静无为、息心去欲的思想同中国传统的黄老教义有很多共同之处。

　　从汉代开始，儒家"中庸、和谐"的"入世"思想对中国传统文化起到了极大的教化和引导作用。但到了魏晋时期，常年的战争与混乱使儒家的"入世"不符合人们的心理需求和现实的生活状态。以"出世"为核心，主张"无为"的道教，以及主张众生平等的佛教更符合当时的社会需求，佛、道思想在这一时期获得迅速发展。汉末三国之初，以牟子为主的教派开始力图调和儒释道三教之间的矛盾，主张"三教一致"论。牟子旁征博引孔子和老子的论述，强调外来的佛教和中国传统的儒、道两家在思想本质上并无区别。他还著有《理惑论》，将佛家的出世之道和道家的自然之道都落足在儒家修齐治平的理论上，消除人们对佛教的排斥和怀疑。在他看来，"尧舜周孔，修世事也；佛与老子，无为志也"，三教虽然各有自己的终极目的，但"金玉不相伤，精魄不相妨"，三教可以并存，也可以兼而习之。这种理论铺垫和融合为佛教的发展奠定了一定的思想基础。

翡翠虎溪三笑山子·

魏晋时期，流行佛教"格义"之法，所指的便是佛教通过借助中国传统儒道两家的哲学思想，将佛教的法语通过儒道的语言或思想表达出来，以便让中国人理解佛法。在《高僧传·竺法雅传》中有这样的记载："时依雅门徒，并世典有功，未善佛理。雅乃与康法郎等，以经中事数拟配外书，为生解之例，谓之格义。"对于佛教来说，如何在中国生存发展是最重要的事，找到中国化的传播方式，让佛教信众增多，才可以让自身强盛，但是这样做的结果也必然会招致儒道两家发难，矛盾也日益激烈。南朝宋文帝时期，儒家和佛教关于因果报应之争，齐梁之际神灭与神不灭之争，宋末齐初佛、道之间的夷夏之辩，都导致三教之间的斗争，甚至出现流血事件。

随着社会变迁带来的儒家礼玉制度衰退和道家养生观念的发展，玉文化开始逐渐淡化它的治世理论和政治色彩。佛教在儒道两家的排挤和冲击之中，承受着外界的压力，加速佛教中国化的进程就必须要让它更契合中国人几千年来的思维方式与信仰习惯。佛教信众在探索中国传统文化领域时，发现来自异域的黑色或者深灰色石造佛像和中国传统观念不符，而金或铜胎鎏金造像又受到材料的限制不易推广，于是便出现了用泥土塑像，并开采砂石、青石崖壁凿窟造像。通过以石造佛像的实践，能够充分展现佛法慈悲、寂静、圆满的玉质佛像因独有的气质和几千年的玉文化传承更受信众欢迎，于是大量的玉佛被创作出来。

青玉童子拜观音

　　佛教认为用玉宝来供奉诸佛和菩萨可积攒功德，《佛说大乘造像功德经》记载："弥勒。若有人以……金银铜铁铅锡……或复杂以真珠螺……而作佛像……其人福报我今当说。弥勒。如是之人于生死中虽复流转。终不生在贫穷之家。亦不生于边小国土下劣种姓孤独之家。又亦不生迷戾车等。商估贩赁屠脍等家。乃至不生卑贱伎巧不净种族。外道苦行邪见等家。除因愿力并不生彼。"《妙法莲华经·观世音菩萨普门品》《佛说阿弥陀经》等经书中均有类似记载。

　　北魏宣武帝元恪吸收了中华民族崇拜玉的文化传统，命人在恒农荆山雕丈六珉玉大佛，于永平三年迁往洛滨的报德寺供奉。

青玉沉思罗汉

这一举动导致以玉石造佛的风尚迅速流传开来。佛教信众开始在
全国范围开凿石窟、修建寺庙、雕塑佛像，北魏时期出现了大量
石窟，云冈石窟和龙门石窟都是这一时期的代表。中国人崇尚玉
石，开采玉石制作佛像以及将佛教典故和纹样加入到玉雕当中也
极大地促进了佛教在民间的传播。

　　玉文化与佛教的融合，就是传统儒、道思想同佛家思想的融
合。而以玉石造佛的风尚从北魏到唐代的四百余年时间极大的繁
荣，一直影响至今。统治阶级以玉雕像，民间信众就以大理石或
彩石雕像，出土于陕西城固县的北魏时期佛教石像便是这一时期
佛教造像的代表作。到宋代之后，纯玉的佛造像更是极大发展。

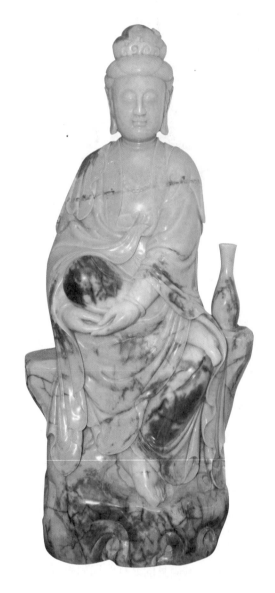

青玉净瓶观音

清代是玉佛造像的顶峰时期，清世祖顺治、世宗雍正、高宗乾隆等崇信佛教，他们不仅广交僧衲，参禅悟道，且个个深通佛理。清代帝王和公侯在两百余年的统治时间建造了大量玉佛像、菩萨像、罗汉像，或置于宫中、府中，或置于皇家寺庙中供奉瞻礼，以求护佑江山永固，福寿绵长。如今，在北京的故宫、颐和园、北海等皇家殿堂与园林中还有一些历史的遗存。传说，被尊为万园之园的圆明园内有一处单独供奉玉佛造像的大佛堂，里面供奉的玉质佛造像数以千计。而民间也以玉香炉供奉佛菩萨最为高贵，垂挂玉念珠、玉手串，佩戴玉雕的如来、观音、达摩以祈求吉祥平安，健康长寿。

佛教和玉文化的结合，还促进玉器艺术的题材、审美发生了变化。因为受到佛教般若美学的影响，自然界的山水草木、花鸟虫鱼都成为玉雕艺术表达的主题，不再作为人的附属而独立存在。佛教盛行之前，中国传统雕刻艺术大多以动物和几何图形为主，在佛教的影响下，植物、花卉纹饰开始渗透到几乎所有艺术领域，不仅是玉雕，陶瓷、建筑和金属器皿的装饰纹饰也由此改变。到唐宋时期，莲花纹、卷草纹等纹饰已经成为玉雕中极为普遍的纹样，为后期玉文化融合儒、道、释三家美学于一身的圆融境界奠定了历史基础。

玉道⑤玉之和

一佛启女皇，一月映三江

佛教在融入中国文化的过程之中，既通过吸收已有的文化传统，借助于玉文化的传播力，还得益于统治者的倡导。在经历了数百年的演化期之后，进入了盛唐，女皇武则天对于佛教的笃信让佛教进入一个高速发展的阶段。从魏晋乱世在中华大地上融合三教后，大唐佛教终于迎来了属于自己的鼎盛时代。

在武则天之前，中国的历史上从未有过女性的皇帝，而武则天之所以能够冲破男权社会的封建枷锁，一方面是依靠自身的雄才大略，另一方面也借助了宗教的影响力。当时，武则天借佛教宣传"则天是弥勒下生"，并渲染《佛说宝雨经》中记载的："佛授日光天子长寿天女记，当于支那国做主事"，暗表自己称帝的因由，让当时社会上很多人开始逐渐接受女主天下的暗示。

龙门石窟惠简洞

长安法海寺僧惠简领会到了这种意思，在龙门凿出了一座以弥勒佛为主尊的洞窟，史称"惠简洞"。这座雕像极富女性魅力，面庞丰满圆润，眉宇舒展秀丽，目光温文沉静，神情和蔼慈祥，是一座处处显示着女性美仪态的佛像。弥勒佛像的出现不仅印证了《佛说宝雨经》的"女主"之说，其形象更与武则天本人极其相似，这为武则天登基称帝造成了极好的社会舆论环境。从进入中国以来，佛教首次在统治阶级的政治领域发挥了大作用，自然也就获得了统治者的认可，促进了佛教在全国和日本、韩国、东南亚地区的广泛传播。

佛教和唐代统治阶级之间建立的相辅关系为自己赢得了鼎盛

地位，但也因为统治者的意志不断改变着自己。原名为观世音的菩萨，为了避讳唐太宗李世民的名字，改名为观音，便是佛教努力适应统治者需求的一个例子。当时佛教的主要艺术是石窟造像，北魏时期的云冈石窟佛像风格粗犷威严，龙门石窟佛像则潇洒飘逸。进入唐代之后，石窟造像变得更加写实、自然，而且富有人情味。唐代的佛教造像护法天王多是以本朝的高级将领为原型，面容姣好的菩萨像则多取材于妃嫔的形象。

辅助统治阶级的政权，接受中国文化的改造让佛教得到了更大的发展空间。而繁琐复杂的印度佛教教义也在这个过程中被化繁为简，大量吸收儒家和道家思想，原始佛教的宗教特征被淡化，更接近现实生活而且能给人带来彼岸世界向往的宗教形式受到了更多人的认可，这种变化也折射在唐代玉雕风格上，佛教题材的玉器大量出现，其中佛教人物元素、植物花样和佛教器物成为当时玉文化的主流，也是佛教用玉的主要形式。

在唐代佛教玉器之中，玉飞天、玉伎乐菩萨等皆是构思精巧、工艺绝伦的玉器杰作。唐代的佛教玉器承袭了北魏、北齐在壁画、石窟造像艺术中的成就，而且有所创新，人物形象和佛教的佛菩萨形象更加结合。至宋代，玉观音、玉持荷童子、莲花生子等玉雕造像大受欢迎，以玉造佛像的作品不胜枚举。据《续通考》记载，元丞相伯颜曾凿井获得一尊玉佛，高三四尺，色白如脂，照之可

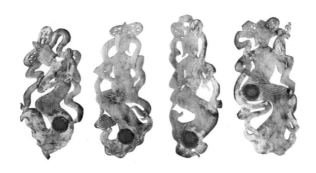

吹拉弹打伎乐菩萨

见筋骨脉络，可见玉雕佛像的技艺是多么惊人。

用玉石制作佛像或者是装饰佛像，一方面是比较真诚地描述佛法的本质内涵，另一方面还有庄严和积攒功德的意思。那些威仪具足的佛像更容易让人们对其尊敬，而与此同时，制作佛像的人和礼拜佛像的人在心灵的境界上也积累了福德。

在植物纹样方面，唐代的玉器艺术突破传统观念束缚，吸收了佛教文化带来的艺术形式，娇艳的花朵和缠绕的瑞草、动物题材都出现在玉器上，展现出亲切、自由、开放、活泼的生活气息。而且，在佛教文化的影响之下，唐代装饰玉出现了写实和艺术化的花鸟内容，玉簪花、玉镯子、玉凤鸟佩等佩饰，玉杯、玉镇、玉盒、玉枕等生活用品都有佛教文化色彩，如忍冬纹八曲玉杯的造型就是八瓣花形，体现出了以多曲的荷叶造型为美的佛教审美。

佛教装饰艺术引导了中国装饰风格的改变,原来神秘庄严的几何纹饰被现实中的花草取代,道家倡导的自然朴素美学被富丽、繁复的表达方式取代,佛教般若美学将中国玉器文化从天上拉回到人间,开启了玉器艺术的现实主义纪元。而在佛教本身的法器之中,玉也占据了极其重要的位置。

佛教中倡导的极乐世界,是由金、银、玉、玛瑙、珊瑚、琉璃和琥珀铺造而成,也就是佛家七宝,这其中除了金银都是泛玉文化宝石。佛像和法器上装饰多为绿松石、青金石、玛瑙、玉和珊瑚等。护法金刚使用的青光宝剑、碧玉琵琶、混元珠伞等都有玉石的身影,菩萨身上的首饰和宝莲座、宝冠、宝座屏也都是用美玉装饰。而佛教之中最为珍贵的佛舍利,也是存放于水晶、玉石和玛瑙制成的玉棺之中。

陕西扶风县境内的法门寺,始建于东汉末年,寺内的千年古塔之中存放着佛祖指骨舍利,这是历代信奉佛教的统治阶级和佛教信众心目中最为宝贵的圣物。1987年,因佛塔受损重建发现了地宫,使这一尘封千年的稀世佛宝得以重见天日。经过一番考古工作之后发现,在白玉石板的后面,有一顶白玉灵帐,上面罩着三件袈裟,灵帐的后面有檀木箱装满了顶级瓷器,在灵帐后室的宝函中,有层层相套的八层保护,分别用檀木、金银、珍珠和玉来装饰,最里面有一座纯金的四门小塔,塔中存放着一枚玉质的

法门寺舍利塔

玉舍利棺

法门寺第一枚舍利，玉质影骨　　　　法门寺第二枚舍利，玉质影骨

法门寺第三枚舍利，真身指骨　　　　法门寺第四枚舍利，玉质影骨

指骨舍利，而真正的佛骨舍利被存放在一个秘龛的白玉棺中。

　　这次考古共发现了三枚玉质指骨舍利，它们被称之为隐骨或影骨。以玉来制作佛骨舍利的影骨，是为了保护真品不被偷盗或毁灭。因为历史上曾经有四位皇帝发动过毁佛、灭佛事件，分别是北魏太武帝拓跋焘、北周武帝宇文邕、唐武帝李炎和后周世宗柴荣，佛家称"三武一宗"法难。中国境内大部分的佛祖舍利都在这些事件中被毁，而以玉为"影骨"舍利，享受与佛真身骨舍利相同的供养规格，既保护了舍利，也彰显了佛家"色空不二""真妄一如"的核心思想。无怪乎中国佛教文化的泰斗赵朴初先生赞颂到："影骨非一亦非异，了如一月映三江。"

用玉来供佛可以增长福德，这种供奉不限于凡人和佛之间，也存在于菩萨和诸佛之间。在《妙法莲华经·观世音菩萨普门品》中有这样的记载，当释迦牟尼佛介绍了观世音菩萨后，无尽意菩萨当即表示要用众宝珠璎珞来供养观世音菩萨。可见玉文化进入到佛教体系之后，不仅是凡人用玉，佛和菩萨都在用玉做装饰，足见玉之尊贵。

一花一世界，一石一天国

　　在融合玉石文化来传播自身教义的过程之中，佛教文化和玉的结合深度越来越高，也更加深切地影响着中国传统文化，二者之间存在创作思维相通的特殊关系。以玉载道让佛教更加深入到每一个中国人的内心之中，而禅风入玉则让玉文化从内涵到雕刻艺术都更加丰富。

　　随着佛教和玉文化的融汇，它们之间的联系变得更加融洽、密不可分，许多用佛教来解释玉石成因的神话和传说也逐渐出现，南京雨花石的成因就是一个典型例子。据传，在梁代有一位高僧云光，他佛法精深，在南京中华门附近的砾石山坡（今雨花台）说法时，美丽的石头犹如下雨般从天而落。因为聆听了云光禅师说法，这里的砾石都长出了美丽的花纹，变得色彩斑斓。人们认为这是天上落下的雨花，所以将其命名为雨花石。

雨花石

　　这个传说中结合了佛教理论中"众生平等，皆有佛性"的观念，以石作为参修之物，让石头这种自然孕育之物因为佛法嬗变成为玉，所谓"一花一世界，一石一天国"，诠释了灵石中深藏的无限禅机。因此，以石悟性成为佛教追求的一种奇妙境界，进而对后世赏石文化也带来了深刻影响。

　　当佛教更加深入地浸透到玉文化之中后，佛教题材的玉器雕刻、佩饰层出不穷，是世界上任何宗教无法比拟的。玉是佛家七宝之一，在佛教仪轨和法器制作中担任重要角色，并且通过玉自身的神秘特征渲染了宗教神圣的礼仪和教规，不仅为佛教意识的创作和表现提供了艺术化的意象，而且为佛教实践活动实施提供

青玉芭蕉罗汉

了具体的物质条件和表达方式，从而让玉石更像是人和佛之间的媒介，表现了信众对觉者的崇敬。

念佛是佛教信众的功课，佛珠是念佛计数时不可缺少的工具，它的材质多用金银和玉宝。《陀罗尼集经卷》明确提出：不同材质的佛珠所成就的功德大不相同，以金银、水晶、玉宝等宝物制成的佛珠掐之诵咒诵经，可以得到十种波罗蜜之功德满足，现身即得阿耨多罗三藐三菩提之果，即无上正等正觉。在民间也有用玉香炉来供奉玉佛的习俗，人们将各种玉雕的佛像佩戴在身上，来达到加持和趋福避凶的效果，这种习惯延续至今。

儒、释、道三教都拥有着非凡的美学意义，都是一种人生态度和境界的审美，只不过一个主动，一个主静，一个主空。如果说道家在追求生命原型的本真，影响艺术家将自然象性感觉渗入到艺术本体，从而表达自然象性的朴真之美，那么和它相映的佛家则是通过佛性本空、本自清净直达"圆觉"的境界，从而弘扬生命本体佛性本觉于三界，产生对表象虚妄"止观"的目的。佛教在中国的广泛传播和它的本土化让中国传统文化更加丰富和完整，它的精神和理念影响了众多创造者的思维，充实着传统意象的艺术造型和表现形式。在观照的过程中，佛教让中国意象造型更倾向于内在感受的形式，从而形神合一。

玉道㈤玉之和

青玉长眉罗汉

"一体同观"的佛理表现在玉雕创作上，让玉雕的表现形式舍掉了对表象的执着而共生无相的"真相"。在禅宗的影响下，直接繁复的美会显得无味，多即是少，少即是多。这种少、残、空的艺术特点也是直接影响着玉石工匠的构图艺术思维，营造一种空寂、无界的意境，这种美学到宋代发展到了极致，并影响了整个东方的美学。

中国传统文化和佛教文化之间产生了紧密的结合，同时玉文化的融入也赋予了中国佛教文化不同的精神风貌，对于推动佛教发展也起到了积极的促进作用。佛教在中国几百年的演化期里形成了中国特色的佛教文化氛围，诞生了中国独有的"禅宗"，甚至将世界佛教的中心从印度转移到了中国。这种民族成就只能在中国传统"和"文化的基因下产生，在和实生物、道法自然思想的厚土中，在君子和而不同的春风中，才能诞生不断创新，生生不息的世界文明最美之花。

在佛教教义中，舍利是佛留给世间法身常寂，空生妙有的证明。在民族传说中，玉石是盘古大神精髓的化现，文明起源的标志。

玉与舍利，本就是一，不是二，在中华文明广大无边的心性中它们从未分开。

青玉达摩一苇渡江

玉道⑤玉之和

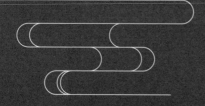

第四章

玉养身心

中医的良药

"

清朝宫廷之中最有权力的女人慈禧太后便酷
爱用玉养生，她每天除了食用几十种药物研制的
玉容散来保养皮肤，还要用特制的玉轮揉脸。

"

曾为仙药，疗疾祛病

古人认为，玉是阴阳二气的纯精，是和谐的自然之物。在中医看来，人有三宝，分别为精、气、神，这其中气的作用最突出，而玉则是蓄气最好的物质，所以玉不仅可以起到装饰的作用，更可以促进人体健康。

正因为此，两千多年前的中国古人就将玉用于医疗保健。《神农本草经》《本草纲目》等医学典籍之中均有玉石可"除中热、解烦懑、润心肺、助声喉、滋毛发、养五脏、安魂魄、疏血脉、明耳目"的记载，而且久服可"耐寒暑、不饥饿"，甚至能够"不老成神仙"。

中国古人对于玉的崇敬，体现在道德、宗教、政治、审美等多个方面。在汉朝之前，玉作为神物和王权的象征而远离人们的

战国青玉行气铭饰

生活。在魏晋南北朝之后，玉开始走下圣坛，并且随着中医学、道家养生学和玉文化的结合，成为"仙药"的玉一度被蒙上了神秘色彩。随着宗教的推崇，甚至超出了中医的理论和实践范畴，当时的社会一度兴起了食玉成仙之风。

食玉思想是在特定的时代背景之下对玉养生功效的放大和幻想，经过几代人的摸索、实践之后，人们最终发现玉石虽然宝贵，但是却不至于令人成仙。食玉之风随着道教的发展而发展，兴于汉末，盛于魏晋南北朝，至隋唐时期逐渐衰落。之后的道家也很少提到服玉成仙的事，很多情况下都是将玉作为药引出现在各类文献中。陶弘景在《本草集注》中记载，服玉"亦应依《仙经》，

古籍中对玉的药用记载

水屑随宜，虽曰性平，而服玉者亦多发热，如寒食散状。"可见当时的人们食玉之后多有发热不适的症状，人们眼见为实，也就逐渐放弃了食玉。

玉作为仙药固然有其夸张成分，但现代矿物学研究成果表明玉石中的确存在对人体有利的微量元素。现代医药科学经过论证，也发现不同宝石所具有的奇妙物理特性，也让它确实具备了保健作用。譬如，天然金刚石可吸收太阳光中的短波波段，成为紫外线理想的"储存器"，从而产生消毒杀菌的功能。而黄玉水晶石经过打磨，也可以聚焦蓄能，形成电磁场，能与人体发生谐振，从而促使人体内部各种功能更加协调，精确地运转。食玉之风让人们对于玉类矿物的药性有了进一步的认识，经过食玉之风的洗礼，人们对于玉的养生功效认识也更加科学、合理，在某种程度上也为传统医学的发展积累了经验，仍是一份值得重视的医药学遗产。

虽然古人没有现代科学的检测条件，但玉独特的物理特性具备调养人体功能的这一现象很早就被中医所关注，并从中提炼出了诸多使用玉来疗疾、养生的技巧，在各类中医典籍和养生秘方之中都有记录。

据李时珍《本草纲目》考证：五代后蜀人韩保升曰："药有玉石、草、木、虫、兽，而云本草者，为诸药中草类最多也，玉石则为最珍。"《本草纲目》对于玉石疗疾的效果也有记载，记录了阳起石、玄石、白玉、青玉、紫石英等宝石可"补骨脂泽泻，并主子宫虚冷，月水不调，绝孕。"而白玉"同寒水石涂足心"，可起到"止惊啼"的奇效。

除李时珍之外，许多古代名医也通过自身实践论证了玉石的医疗奇效。南朝梁代陶弘景在汉、魏名医基础上，尝试三百六十五种药品，著成《名医别录》，对于药性之源进行论证，认为玉石可单独成为一个品类。唐代李绩所著《英公唐本草》中，也增加了一百一十四种新药，其中玉石和草、木、虫、鱼、米、谷并列。可见玉石是古代名医治病疗疾特选的一个品类。

　　"人养玉，玉养人"是很早就存在于各类典籍中的说法，经常佩戴玉镯，可以让手腕的穴位得到长期良性按摩，不仅可以缓解视力模糊症状，还能蓄养元气，补足精神。而嘴含玉石则是借助于唾液所含的营养成分和溶菌酶的作用与玉一起消除胃中热燥、生津止渴。

产地\\成分	和田白玉	和田青白玉	和田青玉	玛纳斯碧玉	青海玉一种	岫岩黄白玉	岫岩青绿玉
CaO	13.78	13.82	12.75	11.21	13.07	11.55	11.44
Na_2O	0.23	0.23	0.26	0.13	0.35	0.11	0.12
K_2O	0.16	0.23	0.19	0.11	0.05	0.05	0.04
MgO	23.68	23.49	23.10	22.48	23.64	24.5	23.97
FeO	0.72	0.74	1.92	3.76	0.40	2.00	4.03
Fe_2O_3	0.30	0.20	0.49	1.17	0.00	<0.01	<0.01
TFe_2O_3	0.97	1.20	1.33	5.26	0.59	2.22	4.78
MnO	0.08	0.08	0.13	0.36	0.02	0.07	0.09
TiO_2	0.02	0.05	0.03	0.08	0.02	0.01	0.02
SiO_2	56.66	56.80	56.11	54.33	58.67	57.39	56.87
Al_2O_3	1.01	1.10	1.71	0.81	0.38	0.89	0.60
P_2O_5	0.07	0.05	0.04	0.12	0.02	0.05	<0.01
H_2O+	2.05	1.50	1.91	3.21	0.53	-	-
F-	0.15	0.15	0.17	0.10	0.15	0.05	0.06
CO_2	0.58	0.52	0.61	1.12	0.13	-	-
SO_3	0.14	0.63	0.13	0.07	0.17	-	-
Lost	2.90	2.94	2.29	2.95	2.48	3.00	2.81

注：主要成分计量单位为%；标"—"为没有获取精确数据。

几种玉石的化学成分表

现代物理学分析表明，很多玉石都含有对人体有益的微量元素，如硅、锌、铁、硒、镁、锰等，这些微量元素可以让人体达到祛病益寿的目的。锌元素可以激活胰岛素，调节能量代谢，维护人体的免疫功能，促进儿童智力发育，具有抗癌、防畸、防衰老等作用。锰元素可以对抗自由基对人体造成的损伤，参与蛋白质、维生素的合成，促进血液循环，加速新陈代谢，抗衰老，防止老年痴呆症、骨质疏松、血管硬化等。

硒元素是谷胱甘肽过氧化物酶的组成部分，它能催化有毒的过氧化物还原为无害的羟基化合物，从而保护生物膜免受其害，起到抗衰老作用，它还能解除有害金属如镉、铅等对人体内的毒害，能增强人体免疫功能，提高机体抗病能力，达到防癌、治瘤的作用。尽管玉石养生并非像传说中的那样玄而又玄，但其有益身心的功效还是值得尝试的。

在中医理论之中，"气"是人体健康极为重要的部分，却又是不可捉摸的，但玉却可以成为"蓄气"从而养人的利器。经常佩戴玉石，能让有益的微量元素通过皮肤穴位浸润而进入人体，达到平衡阴阳、调和气血的作用。这是因为玉石在施加压力、切削和加工的过程中，聚焦蓄能形成了自己的"电磁场"，能够放射出可以被人体吸收的远红外线波，从而和人体自身温度场、磁场、电场所构成的生物信息场相互作用，诱发人体内细胞水分子的强烈共振，改善微循环系统，从而使人体血液循环加快，新陈代谢提升，活化细胞组成，调节人体经络气血的精确运转，提高人体免疫力。

在中医看来，人体生病的原因很复杂，很多情况是体内的湿气淤积造成的，而玉就具有很好的祛风湿的作用。在气候潮湿的四川盆地，玉器饰品可以帮助人体祛风湿、除湿热。四川凉山地区的彝族有一个偏方，以加热的玉石在病人的太阳穴、肚脐眼等位置滚动摩擦，可以将其体内的湿气吸收出来，从而让病体痊愈。

从古至今，都有很多爱美的女性喜欢穿耳洞，如果刚穿好的耳洞带上铁制耳环，必然会发炎。可是如果戴上玉耳环，不但不会发炎，伤口还可以很快愈合。从这一点上人们发现玉石具有很强的消炎和促进伤口愈合的功效。在抗生素出现之前，小小的炎症很可能会夺去人们的生命，所以玉便成为消炎的利器。古代战场上受伤的士兵在情急之下也会将随身携带的玉覆盖在伤口上，不仅可以防止伤口感染，还能加快愈合。

古典文学名著《红楼梦》中对于玉的疗疾效果也有生动的记述，二十五、二十六回中明确表示玉可除邪祟、疗冤疾。贾环因庶出身份，对于嫡出的宝玉充满仇恨，寻机将滚烫的灯油泼在宝玉脸上，使其脸上被烫出一溜燎泡。在治疗期间，赵姨娘又勾结

青玉孩儿枕

白玉双龙戏珠纹枕

马道婆，使用纸鬼和纸人的餍魔法，使宝玉和凤姐二人中邪，满嘴胡话，不省人事。后来来了一个癞头和尚和一个跛足道人，说贾府有稀世珍宝，本来可以除邪祟，但因为被声色货利所迷，才不灵验了。和尚、道士对"通灵宝玉"一番摩弄之后，宝玉和凤姐在"通灵宝玉"的罩护之下休息静养，竟然奇迹般好了起来，宝玉脸上连疤痕都没有留下。

可见玉虽然不能像传说中的一样令人飞升，但也具备一些独特的医疗效果。这种疗效经过中医长期观察和积累，在一些病症的治疗上起到了很好的作用，也得到了人们的认可。

玉养：光泽容颜，名人之好

古人认为，万物皆有精气。《吕氏春秋·尽数》中认为精气"集于珠玉，与为精朗"，意即精气集中于珠玉之中，所以精光朗朗。《淮南子·俶真训》记载："譬若钟山之玉，炊以炉炭，三日三夜而色泽不变，则至德天地之精也"。意即钟山所产的玉，就算用炉炭烧炙，它的色泽三天三夜都不会改变，因为它得到天地间精华的浸润。

《太平御览》引《地镜图》，记载"玉，石之精也"，是指玉是石头的精华。晋代傅咸所著的《玉赋》称"万物资生，玉禀其精"，意即万物都在生长，而玉禀持着万物的精华。正是因为这种认识，玉成为天地精气的所在，在人们日常的养生之中可以起到奇妙的作用。

玉手镯

　　玉石所具有的理疗效果向来被人们实践和重视，从而在日常生活中加以应用，成为玉石养生最可被证实的证据，比如以玉来摩面祛瘢便是最为广泛的应用。《对济录》记载"真玉摩面，面身瘢痕，日日摩之，久则自灭。"对于这种功效，从汉代以来就有很多人尝试，并且取得了很好的效果。

　　《汉书·王莽传》记载了"王莽碎瑑"事件。在西汉末期，王莽一度被罢官，回到了自己的封地新都。南阳太守看到王莽地位非常尊贵，便委派了自己的下属孔休作为新都相。孔休上任之后前去拜见王莽，王莽对他非常客气，主动与他结交，而孔休也早就听说过王莽的名声，对他礼仪备至。有一次，王莽生病了，

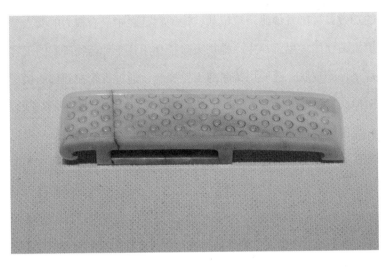

玉剑鼻

孔休前来探望，为了答谢孔休，王莽就赠送给他一柄玉饰宝剑。孔休不肯接受，王莽就说："我之所以送它给你，是因为看到你脸上又疤痕，美玉可以消除面上的疤痕。"王莽解下剑上的玉制剑鼻给他，孔休还是辞谢不受。王莽就说："你不肯接受，是因为它太贵重了吗？"说完就把剑鼻敲碎，亲手包裹起来送给孔休。孔休看到王莽如此真诚相赠，只好收下了这份礼物。这个故事虽然是为了证明王莽懂得笼络人心，但也透露出当时的人们都深知美玉祛斑的功效。

美玉养颜在古代宫廷养生秘方之中也很常见，嫔妃利用玉石制作的美容用具保养皮肤，达到活血通络、润肤生肌、明目醒脑的功效。《御香缥缈录》记载，清朝宫廷之中最有权力的女人慈禧太后便酷爱用玉养生，她每天除了食用几十种药物研制的玉容散来保养皮肤，还要用特制的玉轮揉脸，通过玉轮在面部的揉搓滚擦，可以延缓衰老，永葆青春。这个习惯从慈禧三十多岁开始，一直保持到她七十岁。曾经为她作画的西洋女画家卡尔便亲眼见证过七十岁的慈禧皮肤细腻白皙，异于常人。中医认为面部五官七窍和五脏六腑有密切联系，《三元延寿书》中说按摩面部"能光泽容颜，不至黑皱"，玉轮在面部滚揉的过程中，可以促进面部血液循环，按摩穴位和淋巴系统，增强皮肤营养供应，让皮肤光泽和弹性提高。再加上玉石特有的理疗效果，玉石中的微量元素也可以帮助肌肤保持活力，从而达到除皱抗衰、瘦脸美容的效果。

以玉美容的慈禧

慈禧之后，还有一位名女人也是玉石养颜的热衷者，她就是宋美龄。宋美龄一生都爱收藏和使用玉器美容，到老年都面部皮肤细嫩无瘢痕。据说二十世纪三十年代，杜月笙曾经高价为自己的夫人购得一对玉石雕刻的麻花手镯。宋美龄见到杜夫人佩戴的手镯翠色鲜阳、翠水欲滴，爱不释手，杜夫人就将它送给了宋美龄，直到 2003 年去世之前宋美龄都经常佩戴它。

《天宝遗事》记载，杨贵妃美艳出众，但体态丰腴，最为怕热。因为她常饮酒、嗜荔枝，所以肺中积热、胸中烦闷、口中干渴，经常感到燥热难熬，甚至患上了牙痛病，每次发作便痛到泪流满面。唐玄宗遍求良方，御史吉温献上了一个玉鱼，此物冰凉

含玉避暑的杨贵妃

砭骨，夏日将其含于口中，即觉遍体清凉，止渴祛烦。而且牙痛的时候只需要将玉鱼贴在患处，即刻就能解除痛苦。贵妃将信将疑，正好赶上牙痛，便将玉鱼纳入口中，即感觉满口生津，随即一股清凉之气直透肺腑，霎时间香汗尽收，牙痛即止。贵妃芳心大悦，玄宗大喜，赐御史吉温黄金二十斤，以酬其功。

在古代医典之中，玉石味甘性平而无毒，含于口中能生津止渴，祛除胃热，平烦懑之气，滋润心肺。杨贵妃口含玉鱼，以凉津沃肺，正符合古代中医养生家所提倡的"吞津"养生之道。所以许多寿星的养生秘诀之中多有"津宜数咽"之说，而民间秘诀也说"白玉齿边有玉泉，涓涓育我度长年"，正印证了贵妃含玉镇暑的奇效。

另外，据传说处于紧张状态的人以清凉的白玉进行按摩，也可以镇静神经。所以有些地区至今还有孕妇分娩时紧握白玉以镇痛助产的习俗。橄榄石可以治疗气喘和高烧引起的干渴、眩晕。绿松石、青金石能解毒。青玉能辟邪气，让人精力旺盛。岫岩玉对男性阳痿患者有一定疗效。翡翠可缓解呼吸道疾病，并帮助人克服抑郁。玛瑙可以清热明目。经年老玉更能解毒、清黄水，滋阴乌须。

除了利用玉石本身的药用效果，和玉产生关系的周边物品也

青玉莲瓣纹戟耳杯

会具有一定的疗疾效果。《本草纲目》引唐代陈藏器解释"玉井水说",认为玉可令水质产生改变,从而起到保健作用。"山有玉而草木润,身有玉而毛发黑。玉既重宝,水又灵长,故有延生之望。令人多寿者,岂非玉石津液之功乎。"正因为这个作用,有玉石的山泉水也就具有了独特的疗效。

经过长期的实践观察,人们发现装在铁桶之中的水会很快腐败变质,而装在玉碗之中的水都可以长期保持清洁,所以古人也用玉来制作酒具,让酒可以喝起来更加香醇。据东方朔《海内十洲记》记载,周穆王时就已经有西胡进贡的玉杯,"杯为白玉之精,光彩夜照,冥冥出杯于庭以向天,比明而水汁已满于杯中。"唐代诗人王翰的《凉州词》也有名句"葡萄美酒夜光杯"描述了

白玉六边形带托杯

西域酒泉夜光杯的特色，葡萄美酒产于凉州（武威），夜光杯产于肃州（酒泉），酒以杯得名，杯以酒传世，相得益彰，名驰千秋。

古代行商的商队在出门的时候都会携带几件玉制的餐具，譬如玉碗、玉水壶等，在行走到人迹罕至的山林时，商人会用玉餐具来盛水检测水性，确认水无毒之后再饮马做饭。因此，在很长一段时间里，玉餐具是商人出门必备的物品，不仅是身份的象征，还是维系生命财产安全的必需品。草原上的游牧民族也喜欢用玉器来盛放事物，以便让食物长时间保持新鲜美味。用玉碗敬献给客人的马奶酒是高贵纯洁的象征，是最高的礼遇，因为玉碗具有防腐保鲜的功效，可以让马奶酒保持鲜美醇香。

从以玉为仙药，到以科学态度认识玉的疗疾、理疗效果，国人对于玉的认识也在逐渐提升，和玉之间相处模式的转变，也是人们认识和了解世界的过程。

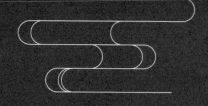

第五章

红楼大梦

假宝玉的荒唐人生

"

在小说的人名中带玉字的有 12 位，分别是
贾宝玉、林黛玉、妙玉、林红玉、茗玉、白玉钏、
玉官、玉爱、蒋玉菡、宋玉、小玉、甄宝玉。

"

红楼梦，一部玉文化的旷世奇书

1728 年（清雍正六年），江宁织造曹家被抄家。这一场浩劫，让曹家从江宁那个几百人的名门望族，眨眼间死走逃亡，最终只余十三人仓皇迁居北京。出生以来的锦衣玉食，抄家之后的落拓凄惶，在正值少年的曹雪芹心里刻下了深深的烙印。这位本该饱读诗书的翩翩佳公子，在巨大的生活落差下，终成飘零江湖的一代文人巨匠，为后世留下一部史诗《红楼梦》。

二百六十年过去了，《红楼梦》已被尊为中国古典四大名著之首，书中连篇累牍的玉文化描述，也让这部经典成为中国古代玉文化在文学典籍中的集大成者。回首再看，曹雪芹写作此书时，正值中国封建社会巅峰时期，当时王朝的统治者与主流社会均遵循以儒家治世、以道家养身、以佛家修心的三教圆融入仕哲学。君子齐家治国的价值观已经被扭曲为获取功名利禄的手段而深入

《红楼梦》宝文堂本

社会各个阶层，儒家中庸和谐、仁爱天下的宗旨也成了空立着的牌坊。曹雪芹生于官宦世家，门庭显赫、见识广博，在这种特殊环境的影响下，他对康乾盛世时期主流的社会思想与时兴的玉文化有着相当深刻的认知和理解，同时曹雪芹也极具对时代的叛逆精神。后因政治突变家道中衰，曹雪芹由一个尽享荣华富贵的人间美玉堕落为凡间的一块顽石，寄居北京，穷困潦倒，十年辛苦，滴血研墨，于悼红轩哭成《红楼梦》，最终泪尽而逝。

整部《红楼梦》就是曹雪芹本人一生的真实写照与感悟。鲁迅说："一部《红楼梦》，经学家看见《易》，道学家看见淫，才子看见缠绵，革命家看见排满，流言家看见宫闱秘事……"王国维说："《红楼梦》，哲学的也，宇宙的也，文学的也。此《红楼梦》之所以大背于吾国人之精神，而其价值亦即存乎此。"毛泽东说："不读《红楼梦》，就不了解封建社会。"其"真事隐去，假语村言"的特殊笔法更是令后世读者脑洞大开，揣测之说久而遂多。后世围绕《红楼梦》的品读研究形成了一门显学——红学。

《红楼梦》原名《石头记》，曹雪芹通过玄幻隐喻的创作手法，以女娲补天剩下的一块灵石想体验人间美色生活，祈求僧道仙人点化成一块"通灵宝玉"后随太虚幻境的神瑛侍者下凡历劫，了却同绛珠仙草等十二仙子的人间情缘为暗线，以贾、史、王、薛四大家族盛极而衰，和宝、黛、钗三人的人生悲剧为纲目，将众多情感丰富的人物，动人心扉的悲欢故事，以及善恶美丑不分的社会百态一一呈现出来。

《红楼梦》共一百二十回，全书加上目录，据不完全统计，"玉"字一共出现了约5700次，前八十回出现约4000次，后四十回出现约1700次。所有出现玉字的地方大致可以分为两类，一类是实际存在的玉，一类虚指的玉。在小说的人名中带玉字的有12位，分别是贾宝玉、林黛玉、妙玉、林红玉、茗玉、白玉钏、玉官、玉爱、蒋玉菡、宋玉、小玉、甄宝玉。除此之外，名中虽然无玉字，但用其他形式指代的有贾府珍、瑞、琼、璜、环、琏等。如果按出现次数算，仅贾宝玉、林黛玉两人人名中的"玉"就出现了约

通靈寶石
絳珠仙草

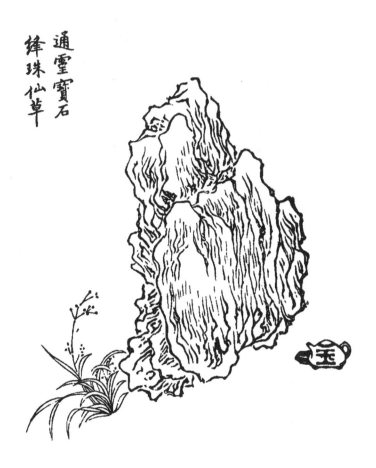

玉道㊄玉之和

通灵宝石与绛珠仙草

4900 次。

《红楼梦》有实物玉、人名玉，还有大量的玉饰品。据不完全统计，《红楼梦》中的珠玉饰品能叫得出名字的有 108 种。其中头饰 37 种，颈饰 10 种，手饰 10 种，腰饰 37 种，其他佩饰 14 种。并且小说中出现的玉器种类也多达 294 种。除此之外，还有大量的诗词歌赋中有玉字或玉的意向出现。

从以上统计中，我们不难感受到，曹雪芹笔下的红楼梦，就是一部玉的大观园。整部小说从女娲炼石补天开始，到"通灵宝玉"复原回归青埂峰结束，无不以这块玉的经历为暗线进行构思和布局，"通灵宝玉"的玉线索，"木石前盟""金玉良缘"的玉传奇，"君子如玉"的玉观念，无处不在的玉赋予了《红楼梦》一种独特的艺术气质与色彩。玉是《红楼梦》的主题文化，玉所映射出的价值观念与思想，都值得我们进行深度的挖掘和玩味，作者曹雪芹也是当之无愧的中国传统玉文化之集大成者。

无才补天，一块顽石的荒唐人生

整部《红楼梦》，一言以蔽之，乃是"一块顽石的玄幻之旅"。以一块灵石化玉、生玉、摔玉、读玉、污玉、失玉、归玉、还石的暗线层层递进，展现了令人时而欣喜、时而向往、时而悲愤、时而哀叹、时而恍然、时而顿悟的一场红尘大梦。

化玉（第一回）：大荒山无稽崖青埂峰下，女娲炼石补天遗下的一颗顽石，因凡心萌动，便由仙人茫茫大士和渺渺真人将其幻化缩小成一块"可佩可拿"的"通灵宝玉"带下人间。此时恰逢赤瑕宫神瑛侍者与绛珠仙子也要下世为人了却情缘，茫茫大士和渺渺真人于是让这块幻化成"通灵宝玉"的灵石随神瑛侍者下界历凡，去体验人间的富贵与荣华。

生玉（第二回）：贾宝玉含"通灵宝玉"出生。荣国府贾政生了一个绝品公子，一落胎胞嘴里便衔了一块玉来，于是就取名作"宝玉"。这块宝玉，也就是经过茫茫大士和渺渺真人幻化的"通灵宝玉"，而贾宝玉自然也就是神瑛侍者下凡。贾宝玉周岁时，贾政便想试一试他将来的志向，便将各种物件摆了无数，与他抓取。谁知他一概不取，伸手只把些脂粉钗环抓来。贾政便大怒说："将来酒色之徒耳。"这段明表了贾宝玉不慕仕途显贵，独爱红颜知己的基础人生性格，也暗喻"通灵宝玉"本为一块顽石所化，是一块假宝玉，而不是真君子。"贾"字通"假"字，"假宝玉"为整部书奠定了核心人物的人生基调。

摔玉（第三回）：贾宝玉和林黛玉相见，"木石前盟"正式开始，但因两人并非是真正的爱情，只是降珠仙子的报恩之情，所以情路坎坷，要将一生的眼泪回报以甘露浇灌之恩。宝玉因为看到黛玉"眉尖若蹙"，便送他"颦颦"二字。宝玉又问黛玉是否有玉，当黛玉回答没有时，宝玉则痛骂那块玉是"劳什子"，并哭闹着当众摔玉，惹得整个"荣国府"惊天动地，不得安宁，这个看似美丽的开始，已经注定了幽怨的结局。

读玉（第八回）：一日午后，贾宝玉到梨香院探望薛宝钗，二人互换了贴身的玉和锁来看。这时黛玉也来探望宝钗，席间宝玉听从宝钗的话不喝冷酒，更使黛玉含酸。于是，借小丫头雪雁送来手炉之机，黛玉趁机奚落了宝、钗一顿。这段"金玉良缘"

玉
道
⑤
玉
之
和

贾宝玉

正式开始，表明宝玉与黛玉是真感情，而宝玉与宝钗是真缘分，情与缘并无主次，也应了太虚幻境中金陵十二钗正册中暗表黛玉和宝钗的画面。

污玉（第二十五回）：凤姐、宝玉中了马道婆的魇魔法，几乎死去。贾母、王夫人等悲痛欲绝。全家因此闹得天翻地覆之时，来了一个癞头和尚和一个跛足道人（茫茫大士和渺渺真人幻化），二人声言能治此邪症。他们拿过贾宝玉的玉，擎在掌上摩弄了一阵，并说了"青埂峰一别十三载"之类的疯话。凤姐、宝玉二人渐渐清醒。僧道出现清洁美玉，而宝玉病好，暗表宝玉被世俗迷失了心智。

失玉（第九十四回）：十一月的天气，怡红院枯了一年的海棠突然开了。宝玉见到花开，心中涌起无限丘壑，竟然在匆匆换衣后把通灵宝玉给弄丢了。失玉表明宝黛钗三人及金陵十二钗的人间情缘即将结束，灵石即将归山，红楼之梦将醒。

归玉（第九十五回）：宝玉自从丢了玉以后，越来越呆傻，生病而命不长久。正当大家都忙着为他准备后事的时候，一个和尚送来了"通灵宝玉"。贾宝玉在昏迷中随和尚二游太虚幻境，从而明悟了自己天上人间的三世情缘。病好后宝玉虽然考中举人，但最终随茫茫大士和渺渺真人飘然而去。

玉道⑤玉之和

黛玉

林黛玉

还石（第一百二十回）：贾雨村因贪污勒索之罪被削职为民，回乡相逢故友甄士隐，叙谈间甄士隐将"通灵宝玉"即当年茫茫大士和渺渺真人自青梗峰携带下凡的石头，如今尘缘已满，二人便仍将它带归本处（青埂峰）的缘由述说一回。被带回到大荒山无稽崖青埂峰的"通灵宝玉"，因玉性已失，回归到一块顽石，并将自己在人间历劫的经历显在身上，故名《石头记》。几世几劫后，经"空空道人"笔录《石头记》并嘱咐落魄中的曹雪芹著录成书。曹雪芹在悼红轩披阅增删五次，终于整理成《红楼梦》，问世传奇。

正是"无才可去补苍天，枉入红尘若许年；此系身前身后事，请谁记去作奇传？"

红楼三玉，人生悲歌的哀婉

在《红楼梦》中，玉不但是故事的索引，更是曹雪芹寄寓情感的重要意象。曹雪芹不仅以玉来为他心爱的人物命名，而且也常以"玉"来比拟颂扬这些人物形象的内在美质：宝玉是"美玉无瑕"；黛玉是"抛珠滚玉"；妙玉是"无瑕白玉"。

玉的本质，只不过是"石之美者"。而作者点破了石与玉的本原关系，但是这块石头不是一般的石头。神瑛的"瑛"是美玉，是灵性已通、极善变幻的美玉。"神瑛"也可称为"灵玉"，所以那块鲜明莹洁的美玉就叫"通灵宝玉"。由石而玉的幻化，点醒这玉乃是那石的浓缩与升华。顽石与灵玉、神瑛侍者与贾宝玉，互为比拟，质地相同，但寓意是不同的。神界中质石形玉，凡尘里质玉形人。

妙 玉

而黛玉、妙玉的命名，也寓释她们的如玉美质。黛玉姓"林"，与"灵"字音谐意通，标明黛玉亦是性已通灵的无瑕美玉；而玉之温润鲜洁、晶莹透亮的外美与坚韧诚挚、高标隽逸的内美，便熔铸成黛玉性灵至上、迥然脱俗的人格之美意象。

妙玉的命名，判词里说她是"金玉质"，《世难容》说她是"气质美如兰，才华馥比仙"的"无瑕白玉"。尽管曲辞吟咏妙玉之"太高"与"过洁"，对她那人所皆罕的"孤僻"行为方式似有微词，却从本质意义上道明她品格的高贵洁净。

从颜色上说，宝玉的玉红，黛玉的玉绿，妙玉的玉白，这又象征他们各自情感的差异与不同。神瑛的居所乃赤瑕宫。瑕，玉小赤也，意指玉上的红色斑点，代指有红斑的玉，所以"赤瑕"也就是红玉。那通灵玉"灿若明霞"，也再次点明宝玉的"玉"色泽红润如酥，喻示其怡悦红颜、尊崇女儿的个性。

与此对照，黛玉的"黛"，是深绿的颜色。"黛玉"原来是一块清幽深郁的绿色美玉。黛玉如玉的佳质自不待言，黛玉之绿，乃是其清泪莹莹、愁思绵绵的忧郁人生的绝妙象征。妙玉色相呈白。白，是朴素清白之白，也是"欲洁何曾洁"之洁，"云空未必空"之空。白色即意味着妙玉少女的清纯淡朴。

碧玉黛玉悲秋故事插屏

　　如果说"红玉"意象透射出的是一派明灿亮丽的性灵辉光，那么"绿玉"意象则是一片幽深惨绿的情绪氛围，而"白玉"则烘托出一抹清素冷寂的精神气息。

甄贾之辨，真君子缺失的遗恨

曹雪芹赋予了主人公美玉般的形质，由此贾宝玉有着玉石般高洁坚贞、宽容博爱的自然本性，然而"玉"又被贾家寄予了"宝"的期望，是贾府中"略可承望"的封建家国之"宝"。但是这块被寄予厚望的"通灵宝玉"本是灵石幻化，本性是石非玉。就如同贾宝玉本是神瑛侍者入凡间了却情缘的应身，既无安邦治国之志，也无齐家富贵之才，是一块"假宝玉"而非封建世人眼中的"真君子"。

这块被寄予厚望的宝玉，竟是"纵然生得好皮囊，腹内原来草莽"，"可怜辜负好时光，于国于家无望"！家国需要这块宝玉来补一补"忽喇喇似大厦倾"的天，然而这块宝玉却不走他们安排的文章经济的补天之路，不仅"懒与士大夫诸男人接谈，又最厌峨冠礼服贺吊往来等事"，甚至严厉谴责君权专制、家族专制，把它们的代表人物比作"浊臭逼人"的"渣滓浊沫"。贾宝玉这种"天下古今"见所未见、闻所未闻的僭越之举，只能被世人看成"偏僻乖张"和"痴呆傻狂"。而宝玉其实是强烈要求补天的，他要修补这天的非人性。

贾宝玉（曹雪芹）自认为并始终坚信自己是"补天济世之材"，具有"利物济人"之德。但是他并不是用封建社会严重扭曲的"理治""伦常"等"祖宗之法"来补济，他向往用对人的爱来取代对人的害，用"以情济人"来对抗"以理杀人"，用一个他所憧憬的"情天"来补"理天"！至此，贾宝玉与寄予他厚望的君父所理解的"天"已大相径庭。

本是执着筑"情天"的璞玉被强拿来做补"理天"的珍宝，美玉已被扭曲，终至一事无成，潦倒半生，"枉入红尘"，落得"情天莫补，顽石空留"的结局，乃是必然的事。这样的宝玉已是"灵性不通"。君父期望他成为"真宝玉"，而实际上他却成了叛逆的"补天石"。这样，明明是女娲造就的补天之材，亦"无才补天"，纵有补天之意，也终究无可奈何被抛弃。

在《红楼梦》的形象设计里，玉的双面性结构是一个诗意盎然的存在。赤瑕宫之瑕在解作"玉小赤也"之外，又可解作"玉之病者"。脂砚斋特意指出："按瑕字，本注玉小赤也；又玉有病也，以此命名恰极。"书中"病玉""浊玉""蠢物"这样一些带有作者自嘲意味的用语，恰如其分地道破玉之非美的存在。玉之病之浊，是它在富贵物、温柔乡"历劫"过程中所蒙受的世俗生活的尘垢。第二十五回宝玉因魇魔法而病至不省人事，完全是一个象征性的情节。僧道（茫茫大士、渺渺真人）的神秘出现，意味深长地揭明玉之病因：那灵玉因被声色货利所迷，而失去其灵性宝光，不能再有驱除邪祟的神功。所谓"粉渍脂痕污宝光"，粉渍脂痕乃是宝玉身为贵公子所常浮现的诸多非美非善的生活方式与生活习性的一种形象化总结。癞僧跛道以手摩弄恢复了玉的

116

117

玉道 伍 玉之和

《石头记》舒序本内页

灵性宝光，这当然是虚幻性的、寓意化的去"污"过程。他们净化了宝玉的心性与情操，把他从声色货利的污浊氛围中拯救出来。

《红楼梦》第五十六回和第一百一十五回出现了一个和贾宝玉一模一样的甄宝玉，两个宝玉互闻互知，又曾在彼此的梦中相见，但现实中的秉性却截然相反。很多读者在此匆匆读过，殊不知这正是作者妙笔生花之所在，是整部《红楼梦》的点睛之笔。这位甄宝玉就是贾宝玉在人间的影子，就是世人和家国最希望看到的"真宝玉"。贾宝玉（假宝玉）隐喻世人眼中的假君子，无安邦之志，无齐家之才，却混迹于国之栋梁世家，儿女情长。甄宝玉（真宝玉）隐喻世人眼中的真君子，老练世故，文章经济。一个是假，一个是真，但假的未必假，真的也未必是真。甄宝玉在书中的笔墨虽然不多，但充分的表达了曹雪芹对于盛世王朝虚伪的封建礼教及家国天下思想的鄙视与不屑。

什么是真？什么是假？腐朽的朝纲、混乱的官场和扭曲的社会人格中还能分得清楚吗？纵观整个《红楼梦》中的姓名、府名、人名，满是对时政的讽刺与社会贵族阶级的失望之情：荣国府，国家的繁荣是假的；宁国府，国家的安宁是假的；贾政，正直是假的；贾琏，廉洁也是假的；贾瑞、贾璜，礼乐是假的；贾琏、贾珍、贾环，富贵也是假的……一干人和物，曹雪芹都赋予他们美丽的名字，但都是假的，他们不是补天济世与齐家治国之玉，

甄寶玉

玉道⑮玉之和

甄宝玉

只是骄奢淫逸和道貌岸然的伪君子，贾、史、王、薛四大家族，就是假的历史和王的血泪，甄宝玉和他们没有什么不同。曹雪芹以甄宝玉反衬托贾宝玉，借真说假，借假修真，可以说整部《红楼梦》通篇是假，而假中有真，这位"甄宝玉"可谓整部《红楼梦》的书眼。

弦外有音，曹雪芹的"隐复"之笔

整部《红楼梦》，甄士隐（真事隐去）和贾雨村（假语村言）这两个人的名字，不但是整个故事的引子和结局，更包含着曹雪芹对当时社会流弊与伪君子们的严正批判。这种借人物名字来抨击时政，表达自我真实内心的创作妙法，成就了《红楼梦》在文学性上达到了中国古典文学前所未有巅峰的辉煌。

荣华是假的，富贵是假的，仕途是假的，因缘也是假的，幻境更是假的，那么什么是真的呢？相信只有曹家三代江宁织造的繁华，大厦倾覆的烟尘，和曹雪芹看破红尘后的感悟是真的吧。引用曹雪芹在开篇自云："今风尘碌碌，一事无成，忽念及当日所有之女子，一一细考较去，觉其行止见识皆出于我之上。"《红楼梦》以通篇之假修出了世界之至真，世间人最真实的莫过于真情、真意、真心。但即便如此，在茫茫大士、渺渺真人看来也不

警幻

警幻仙子

过是一场荒唐而已。

神瑛还是神瑛，仙草还是仙草，灵石还是灵石，这一场红楼大梦好像从未发生过一样，就如跛道癞僧说的"女娲炼石已荒唐，又向荒唐演大荒。"曹雪芹在全书收尾处的"说到辛酸处，荒唐愈可悲。由来同一梦，休笑世人痴"让我们不禁唏嘘。

《红楼梦》构思巧妙地用一块顽石化为通灵宝玉，伴随神瑛侍者经历了人间的盛世繁华、家族兴衰、世间百态、人情冷暖与爱恨情缘。极具文学性地用玄幻手法和假语村言表达了作者通过道家与佛家思想对人生的解悟，看破了康乾盛世时期的虚假繁荣，警示伪君子们所追求的功名利禄、荣华富贵，甚至是得道成仙都不过是太虚幻境和人生大梦而已。

假作真时真亦假，真作假时假亦真，真真假假，假假真真，真即是假，假即是真。后世的人们宁愿相信，曹雪芹便是那天上的星宿，下凡一遭，留下了一部红楼大梦。如今他回到了天上，坐在那遥远的星宿里，看着人们传诵这部金玉奇书。

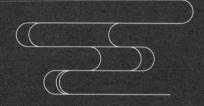

第六章

传国玉玺

历代帝王心中的失落

"

　　三十九颗宝玺中，有一枚"受命于天，既
寿永昌"的玉玺被认为是秦玺，乾隆却觉得它
虽然印文和秦玺一样，但"镌法拙俗"。

受命于天、既寿永昌的秦玺

　　玉玺是中国玉文化之中最独特的一个品类，它本身只是皇帝的印章，但因为代表了最高统治者的旨意，成为了封建社会最具权威的印鉴。《史记》记载，"玺者，印信也。"又云：秦以前，民皆以金玉为印。秦以来，天子独以印称玺，又独以玉，群臣莫敢用。"玉玺之名，由此而得。秦朝建立之后，天子独享了以玉石作为印鉴的特权，其他人等都不敢用玉作为印章，玉玺也就成了皇帝印章的专用名词，拥有了对权力追逐者无法逃避的魔力。

　　印玺文化在中国传统文化中有悠久的历史。中国雕刻文字的历史，最早有记录的是殷的甲骨文、周的钟鼎文、秦的刻石。凡是在金铜玉石等素材上雕刻的文字都统称为"金石"，玺印自然也包括在金石之列。根据历史遗物和记载，玺印至少在春秋战国时期就已经广泛使用。

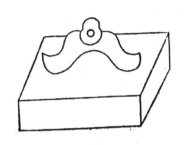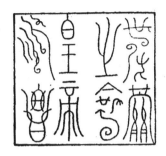

崔逢《传国玺谱》中绘制的传国玉玺图

玉道⑤玉之和

在秦朝之前，无论官印、私印都称之为"玺"。在秦统一六国之后，规定只有皇帝的印鉴才能独称"玺"，臣民印章称为"印"。汉代也有诸侯王、王太后的印章称为"玺"，唐代曾因为"玺"和"息"读音近似，而将"玺"改称为"宝"。自此之后，"玺"和"宝"作为皇帝印鉴的专用称呼并用，而其他人的印鉴则有"印章""印信""朱记""关防""图章""契""戳子"等不同的称呼。印玺最初只是作为商业交流货物的凭证，秦皇之后才开始作为证明权力的法物。

秦始皇命人打造的传国玉玺是历史上最富传奇性的一块玉玺。根据史料记载，秦皇的传国玺有两种说法，一说是和氏璧制

崔逢《传国玺谱》中绘制的传国玉玺图

作。《韩非子·和氏》记载，春秋时楚人卞和在今安徽荆山见有凤凰落在青石上，因"凤凰不落无宝之地"，所以他便将青石献给楚厉王。而楚厉王的玉工却认为这只是普通石头，楚厉王大怒，以欺君之罪砍了卞和左足。后楚武王继位，卞和再次献玉，又被砍了右足。一直到楚文王继位，卞和抱着璞玉坐哭于荆山之下，文王遣人问询，他说："吾非悲刖也，悲夫宝玉而题之以石，贞士而名之以诳。"文王找来良工剖璞，果然得到至宝和氏璧。后来和氏璧被赵国宦者令缪贤献给赵惠文王，秦昭王愿意用十五城来换取却不可得，这就是著名的"完璧归赵"的故事缘起。

公元前 228 年，秦破赵，得和氏璧。统一六国之后，秦王改称皇帝，命李斯篆书"受命于天，既寿永昌"八字。咸阳玉工孙寿将和氏之璧精研细磨，雕琢为玺。《史记·李斯列传》记载，"卞和璧，始皇以为传国玺。"

传国玉玺另一说则称是用蓝田玉雕刻，称其色绿如蓝，温润而泽，方四寸，上纽交盘龙，有六面。

虽然这枚玉玺从诞生之日起就存在着身世之谜，但这并不影响它作为皇帝印鉴的威望，并且还具有了玄妙的神力。史书上记载秦始皇二十八年（前219年），嬴政乘坐龙舟经过洞庭湖，湖面上忽然风浪大作，眼看龙舟将倾，秦始皇便命人将玉玺取来镇浪，果然立刻风平浪静。

秦朝二世而亡，公元前207年秦始皇之孙子婴跪捧玉玺献于咸阳道左，汉高祖刘邦正式接管了它，交接玉玺也代表着大秦帝国的正式陨落。这枚玉玺在汉朝历代皇帝之间代代相传，被称之为"传国玉玺"。被传承两百余年之后，王莽篡汉，逼迫其姑母即皇太后王政君交出传国玉玺。面对昔日的亲人变成汉家天下的篡位者，王政君愤怒却又无奈，盛怒之下她将玉玺投掷在殿前台阶上，崩坏了玉玺上"螭"的一角。王莽得到了残缺的玉玺，为

崔逢《传国玺谱》中绘制的传国玉玺图

玉道⑤玉之和

了不影响美观，便用黄金将损坏的部分镶补上，这也被附会成"金镶玉"工艺的起源。

王莽得到玉玺之后，对其格外珍视，史载"及莽败时，仍带玺绶"。王莽被长安作乱的杜吴杀死，作乱者之一公宾才从王莽身上扯下玉玺，交给了绿林起义的将领李松。李松又将玉玺献给赤眉军所立的西汉宗室刘盆子，而刘盆子败给了光武帝刘秀，又将玉玺献出。自此，这枚沾满了鲜血的玉玺又堂而皇之地出现在东汉历代皇帝的案几之上。

作为王权的象征，统治者对玉玺的争夺几乎从未停止过。东汉末年，宦官与外戚交替专权，朝政动荡不堪，汉献帝时军阀混战，皇室大乱，掌管玉玺的官员为了避免麻烦竟然将传国玉玺投入宫井之中。《三国志》记载，孙权之父孙坚在进军到洛阳的时候，发现宫井中有五色气体，便命人淘井，得到了传国玉玺。这一事件被西晋大史学家裴松之称为一代奇观，因为从未听说过金玉器皿可以发出那样的光泽，所以对此表示极大怀疑。不管孙坚用何种方式获得玉玺，在群雄逐鹿、诸侯争战的政治背景下，传国玉玺已经不再是印章那么简单，它还被赋予了许多政治寓意。从它再次现身的那天起，对它的争夺也就再次展开了。割据淮南的袁术通过绑架孙坚夫人进行勒索，逼迫孙坚交出玉玺，之后又因为战败，将玉玺还给汉献帝。而此时献帝已经是曹操人质，玉玺自然就落入了曹操的手中。

　　裴松之曾经指出，汉代天子有六玺，分别是"皇帝之玺""皇帝行玺""皇帝信玺""天子之玺""天子信玺""天子行玺"。这六枚玉玺各司其职，犹如现代各个行政部门的印鉴，加上秦皇"受命于天"的传国玉玺，汉代皇帝拥有七枚印章。但是从孙坚打捞玉玺开始，它的传承就出现了许多疑点。首先，孙坚所打捞上来的玉玺上面的字是"受命于天，既寿且康"，和原本传国玉玺中"既寿永昌"有差异。其次，东吴并没有刻玉技术，是用金印作为皇帝印鉴，东吴投降后只献出了六枚国玺。《魏书·世祖太武帝纪》记载，曹操"车驾至长安"，在泥塑中得到了传国玉玺，和《三国志》记载孙坚淘井得玉玺成了矛盾。重重疑点相结合，裴松之认为孙坚得到的只是仿制玉玺，真正的玉玺可能被他藏匿。如果真的是这样，那之后袁术、汉献帝和曹操得到的玉玺便都是冒牌货，传国玉玺也许那时就从历史舞台消失了。

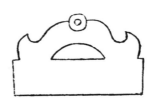

崔逢《传国玺谱》中绘制的传国玉玺图

崔逢《传国玺谱》中绘制的传国玉玺图

传国玉玺虽然难觅踪迹，但它所象征的权力却不会退出历史舞台，在各类正史之中到处都有玉玺的踪迹可循，依旧能够发现其传承过程。根据史料记载，经过汉代，又传到魏晋之后，玉玺没于刘聪，后到了晋穆帝手中。历经宋、齐、梁后，被侯景获得，晋亡后归于辽。从两汉到魏晋，经过乱世到南北朝，又经过五代十国归于元。《辽史》记载，"自三国以来，僭伪诸国往往模拟私制，历代府库所藏不一，莫辨真伪。"可见统治者对于传国玉玺的真伪有清醒的认识，但因为它特殊的政治含义，依旧前仆后继地争夺。这种现象一直到了明清时期，才开始有所改观。

明弘治十三年，传国玉玺又一次出现，但是人们对它的态度却不复从前。陕西巡抚熊翀从泥河之滨获得秦玺，妄图通过献玺获得嘉奖。但礼部尚书傅瀚却进言："自有秦玺以来，历代得丧真伪之迹具载史籍。……盖秦玺亡已久，今所进与宋、元所得，疑皆后世摹秦玺而刻之者。窃惟玺之用，以识文书，防诈伪，非以为宝玩也。……谓得此乃足以受命，而不知受命以德，不以玺也。"傅瀚先是指明秦玺真伪已经不可考，之后又理智地提出玉玺的本质用途是国家的印鉴，并不具备特殊意义，只有本朝的印鉴才是最具权威的天子印信。在他的劝导之下，明帝并没有采用秦玺。这是千百年来古人对于玉玺认识的一次理性回归，至此之后所谓的传国玉玺也失去了左右政局的能量。

"秦玺不足征，惟贤是宝"的态度，至清高宗乾隆更有了一番经典的总结。在其《国朝传宝记》中乾隆指出："有'受命于天既寿永昌'一玺，……按其词虽类古所传秦玺，而篆文拙俗，非李斯虫鸟之旧明甚。……朕谓此好事者仿刻所为，贮之别殿，视为玩好旧器而已。夫秦玺煨烬，古人论之详矣。即使尚存，政、斯之物，何得与本朝传宝同贮？于义未当。朕尝论之，人君者在德不在宝。……故宝器非宝，宝于有德。……则德足重宝，而宝以愈重。"在乾隆的眼中，秦玺只是一件供人把玩的艺术品，不管真伪都无法和当朝的印鉴相提并论。而且在他看来，人君最重要的是有"德"，而不是储宝。只有"人君在德不在宝"，传国玺才会贵重，因为政权是依赖统治者的"德"而存在，只有将国家治理好，得到人民的信赖和依附，玉玺才会有价值和威望。

皇权之宝、世世传守的国玺

　　中国封建制度延续的两千多年之中，出现了 83 个王朝，有 559 个帝王和若干权臣，他们为了追逐权力和秦玺，演绎出了无数的历史悲喜剧。

　　除了传国玉玺之外，中国历代皇帝也热衷于制造自己的传国之玺，其中最为著名的有汉武帝刘彻的"天子之宝"、唐代李世民的"皇帝之宝"、女皇武则天的"传国凤玺"、宋太祖赵匡胤的"大宋受命之宝"，元太祖铁木真、明太祖朱元璋、清圣祖康熙和清高宗乾隆也都有自己的专属玉玺。但是随着历史风烟散尽，这些宝玺大多都遗失，化作一缕尘土。

　　现存于世的宝玺主要是明清时代的遗存，除了皇帝颁布谕旨使用的"国宝"，还有许多是后妃地位象征的"册宝"，皇帝尊

青玉龙纽印玺

崇先帝后妃而为其上徽号所颁的"徽宝",以及皇帝皇后逝后为
其上谥号所制的"谥宝"等。

从秦子婴手中获得秦玺的汉高祖刘邦,将它供奉在御案之上,
作为皇权的象征,理想是受命于天,代代相传。东汉时期是传国
玺历史形象、神秘性和重要性形成的重要阶段,尤其是光武帝刘
秀在位期间,对于传国玺极为重视,"传国玺"的名称也首次出
现在卫宏所著的《汉阳仪》中,并且设立了专门负责传国玺、斩
蛇剑两件宝物的宫廷管理机构。这在一定程度上反映了传国玺在
统治者心目中的地位和属性,是天命的象征和镇国之宝,昭示着
东汉皇权的合法性地位。刘秀也专门制作了"天子之宝"替代传

国玺来作为皇帝颁布圣谕的印玺，但是这枚国玺却在汉灭亡之后遗失不见了。

虽然秦传国玉玺的真伪在西晋时代就已经被提出了质疑，但其对后世帝王的影响却是巨大的。传说隋朝萧太后和太子带着秦传国玺投奔北方突厥，唐朝建国之后，李世民一度因为没得到秦玺而深感自己"名不正、言不顺"。无奈之下，唐代皇帝自己制作了"皇天景命，有德者昌"的国玺作为"皇帝之宝"。

《新唐书》记载，天子有八玺，"皆玉为之"，"皇帝神玺以镇中国，藏而不用。受命之玺以封禅礼神，皇帝行玺以报王公

青玉狮纽大印玺

书，皇帝之玺以劳王公，皇帝信玺以召王公，天子行玺以报四夷书，天子之玺以劳四夷，天子信玺以召兵四夷，皆泥封。大朝会则符玺郎进神玺、受命玺于御座，行幸则合八玺为五舆，函封从于黄钺之内。"这八枚宝玺可谓各司其职，担负起了唐朝社会政治治理的重责。到女皇武则天时代，又增加了一枚"传国凤玺"，刻文"敕命之宝"，作为她专属的宝玺。至此，唐代有记载的专用宝玺共计有九枚。

到了元朝时期，荟萃了之前几个朝代所使用、制造的国宝、帝宝有一百多方，仅宋徽宗的宝玺就有 66 方。元世祖忽必烈建元之后，也沿袭了唐朝的八宝制度。元代又自制三种宝玺，分别

白玉四象纹印章

是畏兀文宝、汉文宝、八思巴文宝，其中最具代表性的"制诰之宝"便是汉文宝。和前代玉玺不同的是，元代所制玉玺将盘龙纽改成了交龙纽，《八旗通志》记载忽必烈所制的元传国玺便是"二交龙为纽"。元代"制诰之宝"传给了元朝历代皇帝。流传八代之后，"神授君权"的痼疾又一次发作，经过一番震荡，空前庞大的元帝国土崩瓦解。

公元 1368 年，朱元璋一路摧枯拉朽，直到元大都，元顺帝放弃大都携带国玺逃进了沙漠。《八旗通志》记载元传国玺在应昌府遗失，两百年之后，有牧羊人在山岗之下看到一只山羊三日不食草，却不停地以蹄掘地。牧羊人便上前挖掘，得到了这枚玉玺，献给了大元后裔博硕图可汗，后来又落入察哈尔林丹汗手中。但也有史学家认为元代国玺是通过北元朝廷传承到了林丹汗，最后被献给了皇太极。皇太极得到北元"制诰之宝"，破例出行百里之外，到辽河之西阳石木河举行隆重的接宝玺仪式，率群臣行三跪九叩之礼，并且传谕："书于敕谕，缄用此宝，颁行满汉蒙古，咸知天命之攸归。"回到盛京后又贴出告示，以宣扬"天命归金"，从而表示皇太极立国称帝是服膺天命。

大衍天数、二十有五的清玺

历朝历代虽然都有自己的宝玺，但流传下来的少之又少，现存于世的宝玺以清代皇帝所制的最多。以《史记》《汉书》为启蒙教材的清代皇帝，深受前朝宝玺制度的影响，沿用了明代的宝玺管理制度，并根据实际需要有所损益。乾隆皇帝将先帝所用宝玺归为"盛京十宝"，于乾隆十一年（1746 年），派遣大臣将"盛京十宝"由北京送往盛京太庙凤凰楼，他还为此专门御制《盛京尊藏宝序》，对于保存十宝的用意进行说明。凤凰楼是皇太极所建，在盛京皇宫里位于最高处，可以俯瞰全城。从风水设计角度来看，类似宝塔的作用，是盛京皇宫的风水镇物。乾隆帝将"盛京十宝"收藏在这里，意在以"龙兴之地"来存放祖宗法物，护持子孙后代。后在光绪年间因义和团运动，沙皇俄国借剿匪名义进军我国东北腹地，盛京将军增祺奏请朝廷批准，将"盛京十宝"等重要文物运送到热河离宫避暑山庄收藏，使其免于被掠夺。

雍正敕命之宝

　　现存于中国国家博物馆的"大清受命之宝"号称盛京十宝之首，碧玉质，满文本字、汉文篆书，为蹲龙纽，附系黄色绶带及牙牌。它主要用于彰显清代统治的合法性，为后嗣皇帝继位证明符合祖宗家法。另一枚"皇帝之宝"是和田碧玉制作，盘龙纽，印面基本是正方形。印文为满汉合璧，满文本字、汉文篆书，是盛京十宝之中的第三宝。

　　除了作为文物收藏起来的"盛京十宝"，清代皇帝还有数十枚宝玺，主要分两种类型，一是治国理政使用的公务宝玺，另一种是赏玩书画的休闲宝玺，虽然作用不同，但都称之为宝或玺。公务用的宝玺多用和田玉制作，这份尊荣除了皇帝之外只有太皇太后的宝玺可享，其他人都只能用金制作，尺寸也有严格限制。康熙朝时，皇帝的宝玺有二十九颗，其中六颗存于宫中，另外二十三颗收于内府。后来，这二十九颗宝玺全部存放在交泰殿。到乾隆朝，存储于交泰殿的宝玺已达三十九颗。乾隆作为一名爱玉成痴的皇帝，做事严谨、讲究礼法，他对于三十九颗宝玺深有质疑，曾经提出过数量和《大清会典》不符的疑问。而且对于将宝玺中排序第二的"皇帝奉天之宝"称为"传国玺"，乾隆也表示不解，他认为所有的宝玺都是世世相传，怎么能用一颗宝玺作为传国玺？而且这颗传国玺被定位用于宫中大祀，但清朝宫廷祭祀并不用宝。三十九颗宝玺中，有一枚"受命于天，既寿永昌"的玉玺被认为是秦玺，乾隆却觉得它虽然印文和秦玺一样，但"镌

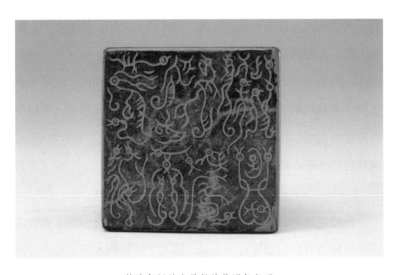

乾隆年间地方呈献的传国玺印面

法拙俗"，只是因为玉质莹泽如脂，朝廷诸臣认为"良玉不易得"才相信它是秦玺，乾隆本身并不相信这就是真正的秦玺。乾隆对于宝玺的质疑是中国封建帝王看待宝玺态度的一次历史性转变。

《大清会典》虽然是清朝三代皇帝审定的法律文书，但乾隆却以质疑精神从中找出许多错谬，对三十九枚玉玺做了删减，将伪造的秦玺当作艺术品存于别处，将没有刻字的碧玉宝也剔除了出去。他认为一个君主不可能凭借"区区尺璧"让江山永固，古人一旦得到前代"符宝"，君臣上下无不"动色矜耀"，以为是上天馈赠的吉祥。而真正要治理天下、垂统万世，"在德不在宝，宝虽重，一器耳。"经过他重新厘定和排序，交泰殿的宝玺定为二十五颗，"以符天数"。之所以选定这个数字，是因为《周易》有"大衍天数，二十有五"之说。古人以天为阳，以地为阴，单数为阳，双数为阴。《周易》将一、三、五、七、九这几个单数相加，得到二十五，所以它被确定为天阳之数。同时，乾隆考察史书，发现前朝传位最久的东周就历经了二十五代皇帝，所以他也希望清朝可以传世二十五代。但事实上从顺治入关到宣统逊位，清朝历经十帝，却暗合了"盛京十宝"之数。

乾隆遴选的二十五方宝玺都镌刻着满文和汉文，而上面的满文却又随着时间的变化有所差异。清入关之前和入关之后所写的满文有很大区别，也就是所谓的"老满文"和"新满文"。"大清受命之宝""皇帝奉天之宝""大清嗣天子宝""皇帝之宝"都是前代所传，用的是"老满文"，乾隆不敢轻易改镌，所以保留了原有的清字篆文。而"皇帝之宝"等二十一宝是日常公务所用，乾隆认为"宜从新制"，内务府传谕改镌，以"与汉篆文相配"。这二十五方宝玺之中，有两方"皇帝之宝"，一方为青玉质，为满字篆文；另一方为檀香木质，是新满文与汉字合璧。这枚檀香木的"皇帝之宝"是康熙帝所造，因为他觉得"玉宝重大"，不便携带，便依照太宗文皇帝皇太极事例，造"香宝"。这说明在皇太极执政的时候，也曾经为了方便携带而制作过木质的宝玺，但历史上却并无其下落记载。乾隆时期，青玉"皇帝之宝"都已经不再使用，这枚木质"皇帝之宝"其实是使用率最高、用途最

青玉皇帝之宝

广的宝玺，自然也就成了最具皇权意义的宝玺。

皇帝宝玺制度延传至清代有了更加严格的使用和管理制度，凡是关系到国家政治、军事、经济、宗教、文化、疆土的重大事件，以及用皇帝谕旨形式颁发的文件，称之为"国书"，都需要加盖皇帝宝玺。

顺治初年，如果皇帝要使用宝玺，必须由辅佐皇帝处理政务的内三院大学士共同在场验用，方可加盖。乾隆朝时，要想使用宝玺，内阁必须先奏请用宝数目，开具清单，通知宫殿监，到用宝日再由内阁学士率领相关典籍官员前往乾清门将宝玺接出来，和内监一起验证，才可使用。

如果皇帝巡幸在外时需要使用宝玺，内务府总管必须到乾清门现场参与验用，用后缴回。如果皇帝出巡时需要携带宝玺，内阁学士和典籍各一人前往乾清门接出宝玺，交给内阁中书，由中书携带宝玺随同皇帝出行。如果出行时需要陈设宝玺来显示皇权的至高无上，中书就要穿彩服，将宝玺陈设在所骑乘的马上，行走在皇帝御辇之前。在皇帝回銮当天的黎明，内阁学士、典籍要在衙署等候携带宝玺归来的中书，双方共同验看，确认无误后将宝玺送到乾清门，交给内监查收。此外，每年冬季的时候还有封宝日，届时宝玺不能使用，内阁要启奏皇帝对御宝进行清洗。

乾隆御用印玺一套

从秦玺到清玺，玉玺见证了中国封建社会历代权力的传承与争斗，也见证了中国两千多年皇帝宝玺制度的光辉。从盲目追逐宝玺的象征意义，到后来只是作为一个工具，统治者对于宝玺的态度也在逐步发生变化。传递千年的玉玺在历经了残忍和屠杀之后，终于恢复了对铸造者本意的理解和认识。玉玺作为印章意义的回归，也是统治者对于权力理智认识的回归。

只有君"德"方能造福百姓，持掌的印鉴才会具有真正的威信和权力，才会成为真正的传国之宝。

第七章

玉彰国运

贵玉德而非贵珠玉

"

　　只有那些真正爱玉也懂得珍视它的人，才能从玉之美中体会到有利于社会发展、道德提升的法则，从而将它用于正途，彰显玉之神采，为它正名。

"

王权财富，以玉为币

　　玉是中华文明之中最美、最崇高的象征之物，也是承载仁义道德的君子之器，所以"玉"和"德"之间的联系也是中国玉文化之中最为深邃的课题。从战汉以后，儒家思想逐步成为了中国文化发展的核心，玉和统治阶级之间建立了互相投射的关系。玉德既是儒家核心命题之一，也是"仁政德治"的象征，成为历代明君严格要求自己和衡量治理效果的标杆，更与国运兴衰之间形成了微妙的联系。

　　人类社会的进步与意识形态的革命总是相辅相成，周武王伐纣灭殷商之后，获得了统治天下的权力，他也从意识形态上进行了彻底的革命。从西周王朝开始，社会政治体制从神权政治开始向王权、族权相统一的礼乐教化过渡，礼乐社会政治体制从此开始确立。随着礼乐制度的发展和丰富，富有神话色彩的各种英雄

玉圭

形象开始逐渐消失，而富有人性精神、理想人格的君子形象开始成为中国社会的主导方向。"玉德"理论便伴随着时代的这一变化开始出现，玉走下了神坛，开始和政权建立密切的联系。经过周公制礼的发展和升华，到了春秋时期，孔子将玉德理论化并进一步完善，玉器实现了人格化和道德化的演进，和王权之间的关系也就更加密切，对于权力的稳固和社会的稳定似乎有了神秘的影响力量。

西周是中华文明发展的最重要时刻之一，政权机构的设置、管理，疆域的开拓，礼乐制度的制订以及儒学基础的奠定都在这一时期。周王朝传承了商王朝的政治、经济、文化体制，而西周

玉琮

早期玉器功能、风格、造型和技术等方面也和殷商时期没有明显区别。在实施了全面意识形态改革之后，周王朝的政治、经济、社会体制都发生革命性变化，无论是分封诸侯的大典、祭祀先祖的祭典、赏赐功臣或友邦的庆典以及安民显威的刑典，都离不开玉器。所以在《周礼》《仪礼》《礼记》之中有了系统而且翔实的玉器使用方法和规则，对于玉的管理、分类、使用方法、象征意义都有了明确而且详细的规定。随着玉和王权的不断靠近，它的财富和权力特质得以彰显，甚至一度作为货币来承担起交换商品的媒介，成为财富的象征。

《说文解字六书疏证》指出："古以玉为货……璧盖本以石

为货时代之钱币。取石之美者琢而穿之，联之以系，以便佩携。"说明在很早之前的人们就已经懂得取玉料雕琢成玉璧，以系相连，便于携带，被充当做货币的圆形孔璧也对后代的钱币形制产生了深刻影响。先秦时期璧充当为实物货币，所以"璧"字还是以后"币"字的"先造字"。《说文解字》解释"币"为财帛之"帛"，"币为帛之转注字，古以玉贝为货币，璧即币之先造字，后有布帛，则有币字，语原一也。"

我国最早的一部历史文献汇编《尚书》中也记载了珠玉为币的历史陈迹，春秋至战国初年的编年史书《左传》中也有同样的记载。"珠玉为币"后世又称为玉钱，东晋王嘉所撰写的志怪小

玉璧

说《拾遗记》记载了晋代的玉钱，宋代洪遵根据自己收藏古钱而写成的专著《泉志》也记载了玉钱。先秦时期夏后氏之璜与和氏之璧都是价值连城，可见"珠玉为币"价值很高，以至于成为了国力的衡量标准。唐代皮日休在《原宝》一文中说："物至贵才曰金、玉焉，人至贵者曰粟、帛焉。金、玉者古圣王之所贵也。"先秦时期以十五城的土地来交换一璧，或对于献玉者重赏千金，可见古人对珠玉的重视程度。

《管子·国蓄》云："玉起于禺氏，金起于汝汉，珠起于赤野，东西南北，距周七千八百里，水绝壤断，舟车不能通，先王为其途之远，其至之难，故托用于其重，以珠玉为上币，以黄金为中币，以刀布为下币。"禺氏，是西北地区的部落名称，也是当时人们认为玉的产地。这种遥远而珍贵的事物成为了统治者心目之中的"上币"，获得了重视，原因在于"玉足以庇荫嘉谷，使无水旱之灾，则宝之"，这并不是指玉能庇佑五谷丰登、免于水旱之灾，而是说玉可以作为国家储备，在大灾之年换取粮食，让人们免于挨饿。

历史上著名的"阴里之谋"便是利用珠玉的宝贵而提升国力的案例，齐桓公发现自己的国库虚弱之后向管仲求教，管仲便让他命令玉匠雕琢玉璧，并且标高了定价。然后管仲游说周天子，说明玉璧的宝贵，强调诸侯必须用玉璧来朝觐先王之庙，"不以

玉珠管

彤弓石璧者，不得入朝"。这个提议获得周天子的肯定之后，天
下诸侯都运载着黄金、粮食、彩绢到齐国购买玉璧，齐国玉璧成
为天下财富的象征，而天下财富也都归于齐国。从此之后齐国八
年都没有征收赋税。可见在明智的统治者眼中，玉可以为他赢得
财富，而不仅仅将玉视为财富。

　　统治者如果不断追逐珠玉的财富价值，玉之德必然会被抛诸
脑后。《管子·侈靡》曾经提出："故贱粟米而如敬珠玉，好礼
乐而如贱事业，本之殆也。"他认为将珠玉看得比粟米还重要是
本末倒置。在《管子·枢言》中更是提出"国有宝有器有用，城
郭险阻蓄藏，宝也。圣智，器也。珠玉，末用也。先王重其宝器，

而轻其末用。"意即国君应该重视农耕和城郭，而轻视珠玉，只有这样才是先王所倡导的正确态度。《孟子·尽心篇》也提出："诸侯之宝三：土地，人民，政事。宝珠玉者，殃必及身。"

在财富的诱惑面前，并不是所有的统治者都能保持冷静。当"珠玉为上币"，成为了财富的象征，它也就成为当权者炫耀财富的一种手段，开始成为重要佩饰和祀器，而当权者佩玉以显示自己高贵身份的行为更促进了这种风气。周代贵族阶层人士在公开场合必佩玉，"凡带必有佩玉，惟丧否。"而且对于佩玉形成了一套等级森严的规定，因为在他们看来佩玉为饰是礼的需要，更是维护等级制度的需要，其实质是维持政治统治的需要。当权

玉石珠串

者出于维护政治统治的目的，往往需要借助于"先王"和"先贤"的垂训和指示，于是珠玉器由佩饰进而发展为祀器，用于祭祖宗、敬神明，正因为珠玉器是重要的佩饰和祀器，才能为当权者崇尚，不仅是"上币"，更是合法的王权。

　　通过儒家先贤的各种论证分析，可以看到对于玉和权力、财富之间的关系，古人其实有非常清晰而又理智的认识。珠玉的珍贵之处在于它可以反映出一个国家的实力，而它却并不是一个国家实力的全部，决定国运是否昌盛的关键因素并不在于珠玉而在于农耕和城郭。如果统治者可以端正这一认识，就可以让国家持续繁荣，但是在漫长的历史长河之中，并不是所有的君王都能够领悟到这一点，而玉和国运之间纠结不清的关系也便反复上演。

玉道㈤玉之和

金玉之贱，人民是宝

古代社会，朝代更迭是历史常态，所以古人经常会有"社稷无常奉，君臣无常位"的感慨，并且这样的循环往复在古代社会似乎从未被打破过。然而，在中国历史上延续较长的朝代有六百余年乃至八百余年，延续较短的朝代一二世就会终结，所谓"国运有盛衰，祚命有长短"，这其中又存在什么样的规律呢？儒家对此提出了自己的分析结论，在儒家看来那些重玉德、轻珠玉的政权都是可以稳固延续的，而那些舍本逐末的政权自然会迅速走向衰亡。这样的认识是农耕文化发展的理性思考与必然要求。

《管子·七主七臣》之中记载，商纣王"驰猎无穷，鼓乐无厌，瑶台玉铺不足处，驰车千驷不足乘，材女乐三千人，锺石丝竹之音不绝，百姓罢乏，君子无死，卒莫有人，人有反心，遇周武王，遂为周氏之禽。"因为忘记了国之根本而去追求财富和享乐，国

运必然走向衰落，政权也就不保。商纣王失败是历代君王心中最
具有警醒力量的反面教材，一直都在提醒着统治者关注什么才是
国家的根本。

商纣王宴乐图

《韩诗外传》记载，齐桓公追逐白鹿到麦丘，遇到了一位圣人，他告诫齐桓公："使吾君固寿，金玉之贱，人民是宝。"借助这位圣人之口，统治者明确表达了想要国家长治久安，就不能"贵珠玉"，因为人民才是国家的根基。北齐文学家、史学家魏收所著《枕中篇》中也留下了一句名言："公鼎为己信，私玉非身宝。"强调了珠玉并不能成就任何的美德，只有自己本身具备了清醒的认识，才能让国家长治久安。

国之根本不可失。在中国历史上，自从夏禹建立第一个王朝，传至第三代，出现太康失国，昆弟五人，作《五子之歌》，就反复述其大禹之训："民为邦本，本固邦宁。"不可腐败堕落，不可"失厥道"，不可"弗慎厥德"。因此，从那时候起，如何保持国德，不失其国，以致国运长久之道，也就成了中国历史哲学重要的内容，成了中国历代史学家所要研究的重大课题。自然，致国运长久之道，是非常复杂的问题，它涉及国家政治生命延续的各个方面。当珠玉成为统治者追求的对象时，那些导致国家政治命运折断的因素也就有了具体的形象依托，追求珠玉的背后是对财富和奢靡生活的崇尚，也是对国运长久之道的违背。

成书于战国时期的兵书《六韬》记载姜太公的话："帝尧王天下之时，金银珠玉不饰，锦绣文绮不衣，奇怪珍异不视，玩好之器不宝，淫佚之乐不听，宫垣屋室垩，甍桷椽楹不斫，茅茨偏

太公姜尚

姜太公图

庭不剪。"意思是帝尧统治天下的时候，不用金银珠玉作为装饰，更不穿锦绣华丽的衣衫，不珍视古玩宝器，所以才治理出了理想的国家。这都是中国玉文化中警醒世人的至理名言。

　　自从有了太康失国之后，夏桀之亡、殷纣之亡以后，有国有天下者，无不一方面面对着肃穆浩瀚的上苍祈天永命，祷告皇天上帝，保其国家，佑其子孙，以使国运长久不衰；另一方面不断地从道德上反省自己，检讨自己，总结历史经验，认识前一朝代失国的原因与根据。中华民族毕竟是有五千年政治文明史的民族，是在文化和哲学上早熟的民族，因此，关于国家兴衰存亡问题，关于国祚长短一类问题，道德上的反省与检讨，还是胜过祈天永

夏桀游戏图

命一类祷告的。比如夏代的灭亡，虽然有人将原因归结为"有夏
多罪，天命殛之"，然而真正反省检讨其灭亡的原因，还是归于"夏
王灭德作威，以敷虐于尔万方百姓。尔万方百姓，罹其凶害，弗
忍荼毒"所造成的。殷纣之亡，在周人的总结之中更加清醒。虽

然也会说商王"弗敬上天""皇天震怒",但就其灭亡的根本原因,还是归结为国失其德、为政不仁,认为商王"狎侮五常,荒怠弗敬;自绝于天,结怨于民;斮朝涉之胫,剖贤人之心,作威杀戮,毒痛四海"等等。

看待国家兴衰存亡与国祚长短一类问题的时候,中华民族向来都是非常理性的。文化和哲学上的早熟,使他们相信人的命运和国家的命运,是可以通过人的行为、道德实践来改变的。故伊川说:"大哉人谋,其与天地相终始乎?虽天命可以人胜也。善养生者,引将尽之年;善保国者,延既衰之祚,有理是也。"影响国祚的从来都不是玉,而是那些盲目追逐玉的统治者。

轻玉尚俭，固本宁邦

　　作为玉德观念的倡导者和践行者，中国儒家向来倡导取玉德之美而不是珠玉之贵。如果将玉视为奢侈之物，进而追求珠玉的奢靡生活，对国家不仅没有任何的帮助，反而会让国家走向衰亡的命运。这种反对贵珠玉而轻玉德的思想在一定程度上发酵，也导致了很多统治者观点变得比较极端，将玉视为一钱不值的东西。

　　《淮南子·卷七·精神训》中便直言记载："夫有夏后氏之璜者，匣匮而藏之，宝之至也。夫精神之可宝也，非直夏后氏之璜也。所谓真人者，性合于道也。是故视珍宝珠玉，犹石砾也；视至尊穷宠，犹行客也；视毛嫱、西施，犹丑也。予拯溺者金玉，不若寻常之缠索。"意即人们一旦拥有了夏后氏的璜玉，就将它装进匣子里来珍藏，因为璜玉是最珍贵的珍宝。但事实上，精神的珍贵远远超过了夏后氏的璜玉。懂得了这一点的人，就会将珠玉看作石块，将帝王看作人间过客，将毛嫱、西施看作平常丑女。而且到了特殊时刻，珠玉还不如寻常之物管用，对于溺水者而言，一条绳索比珠玉宝贵多了。这种观念虽然存在一定的诡辩，但也反映出一部分人对于珠玉的轻贱思想，在他们的眼中平常的东西都不比珠玉珍贵。

轻视珠玉的思想持续发展，出现了视珠玉为毒物的现象。春秋时期，晋平公的藏宝台着火，三日三夜才将其扑灭，晋平公很沮丧，但是公子晏子却前去道贺。晋平公怒斥他："珠玉之所藏

晋平公问政

也，国之重宝也，而天火之，士大夫皆趋车走马而救之，子独束帛而贺，何也？有说则生，无说则死。"公子晏子说："臣闻之：王者藏于天下，诸侯藏于百姓，农夫藏于囷庾，商贾藏于箧匮。今百姓之于外，短褐不蔽形，糟糠不充口，虚而赋敛无已，收太半而藏之台，是以天火之。且臣闻之：昔者桀残贼海内，赋敛无度，万民甚苦，是故汤诛之，为天下戮笑。今皇天降灾于藏台，是君之福也，而不自知变悟，亦恐君之为邻国笑矣。"按照晏子的说法，珠玉虽然被大家追逐收藏，但却是不祥之物，为了追求它导致百姓生活艰难，王朝覆灭。所以现在上苍降火于藏宝台，是上天庇佑大王要销毁这些东西。这一番理论获得了晋平公的肯定，晏子也因此逃脱责罚。

《周书》记载北朝著名儒家学者乐逊曾经上书给皇帝，引用汉景帝的诏文声称："黄金珠玉，饥不可食，寒不可衣。""雕文刻镂，伤农事者也。锦绣纂组，害女工者也。"这不仅将珠玉视为饥不可食、寒不可衣的无用之物，还认为过分追逐它们反而让农事受到了伤害，强调珠玉之害。

统治阶级的喜好往往会影响社会发展的方向，因为君主不好珠玉，臣子也就自然会致力于提升农桑生产力，不再费尽心思去琢磨那些华而不实的东西。所以中国古代有所作为的君王大多可以做到勤俭，不喜好珠玉的也大有人在。《后汉书》记载，东汉开国皇帝光武帝刘秀"雅性不喜听音乐，手不持珠玉，衣服大绢，而不重彩。征伐尝乘革舆羸马。"所以让后汉成为"风化最美、儒学最盛"的时代。在他的影响之下，宫廷也非常节俭，珠玉、犀象、玳瑁、雕镂玩弄之物，皆绝不做。东汉末思想家荀悦在《申鉴·杂言上》赞叹说："光武手不持珠玉，可谓难矣。抑情绝欲。不如是，能成功业者鲜矣。"

唐太宗施政图

三国时期的魏武帝曹操也是一个轻珠玉、尚节俭的人，《三国志》记载他的夫人丁氏"性约俭，不尚华丽，无文绣珠玉，器皆黑漆。"隋朝的开国皇帝杨坚也是一位厉行节约、不喜珠玉的君主，《隋书·高祖本纪》记载他"不衣绫绮，而无金玉之饰，常服率多布帛，装带不过以铜铁骨角而已"。正因此，杨坚结束了中原地区近三百余年的分裂割据状态，实现秦汉以来中国又一次大一统，让隋朝获得后世"国计之富者莫如隋"的赞誉。《贞观政要·卷六》记载，唐太宗李世民原本打算建造宫殿，但又想到"珠玉服玩，若恣其骄奢，则危亡之期可立待也"，所以停止了建造计划。在他的影响之下，唐代很多大臣生活简朴，不好珠玉，也造就了大唐"无饥寒之弊"的盛世。

立国无疑要以人为本、以民为本。因为天地万物之中，"惟人万物之灵"，唯人是社会历史的根本存在。即使是天的存在，也是以人的视听为视听的。所以会有"天视自我民视，天听自我民听"的民本思想。天之道终究是要体现在人之道上，当统治者可以做到轻珠玉、保民本，社会风气自然就会变得清明，立国的根本也就稳固。反之，如果忽视了立国之本，人道也会影响到"天道"，让国运走向衰落，而每一次的衰落都伴随着重珠玉、轻民本痼疾的发作。唐玄宗李隆基在统治前期曾经有过禁珠玉之举，但后期却用玉奢靡之极，以白玉石为鱼龙凫雁来装饰华清宫。而且宫中的汤屋数十间，都用珠玉来装饰。因其宠爱杨贵妃，贵妃姐妹所乘坐的车辆，"饰以金翠，间以珠玉，一车之费，不下数十万贯。"这些用珠玉繁复装饰的车辆太过沉重，以至于牛都拉不动。

唐玄宗宴乐图

一国之君或有国有天下者，不仅要处理好与天的关系，更要处理好与人民的关系。如果说在君与天的关系中存在着"天难谌，命靡常"的不稳定性，那么，这种不稳定性在君与民的关系中，就更为突出。因为人民并不承认有永恒的领袖，不承认有固定不变的国君，或永远归于哪一个人的统治，而是依其是否仁爱人民，给人民带来什么好处，作为价值标准进行判断和选择的。所谓"民罔常怀，怀于有仁"。人民只归于有德者，只归于仁爱天下的人。

　　我国近代著名启蒙思想家梁启超在《国家运命论》一文中，针对"以国家之治乱兴亡，皆源于命，而人事无所用其力"的传统思想和流行观念，发出了一种强调"国家之所以盛衰兴亡，由

君臣对答图

人事也，非由天命也"的哲学思想，激励国民"造善业不造恶业"，为救亡图存而自强不息。珠玉本身不过是普通的东西，当人们将它们和美德挂钩，便可以督促君子修身、齐家、平天下，成为美德的代言人。而当它们成为奢靡的象征，成为追求财富者追捧的对象，就会成为祸国的不祥之物。

正如南齐时期的名士刘祥所说："希世之宝，违时必贱，伟俗之器，无圣则沦。是以明玉黜于楚岫，章甫穷于越人。"只有那些真正爱玉也懂得珍视它的人，才能从玉之美中体会到有利于社会发展、道德提升的法则，从而将它用于正途，彰显玉之神采，为它正名。

当我们追逐难得可贵之瑾，双目被珠玉的光华所炫晃时，就是衰退的征兆。

当我们佩戴简朴平凡之瑜，内心被玉德的美好所浸润时，就是兴盛的开始。

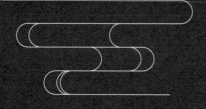

第八章

推己及人

幸福圆满的如玉人生

"

由玉琢磨成器的过程，即是和合的过程，
玉器的材质不一，题材多样，可和于各种文化
精神，各种民风民俗，均可成器。

"

天行健，君子以自强不息

　　各个国家和民族都有不同的文化和生活习惯，但全人类对幸福人生的美好追求是相同的。玉文化带给我们的不单单是道德思想、价值观念和艺术欣赏，更重要的是指引我们如何获得幸福圆满的如玉人生。

　　生命繁衍，生生不息，身体健康是人生的根本。中国对人生最美好的祝福之一就是"福寿双全"，"寿"，我们的理解就是健康长寿，但对"福"的理解却各有不同，有人说福代表财富，有人说福代表名望，但古人对福的定义却是"子嗣众多方为有福之人"。有钱，有名望，但如果没有子嗣去承载，去继承，也是孤家寡人，是无福之人，中国这种福的概念源自于周文王。

　　《诗经·大雅·思齐》中载："大姒嗣徽音，则百斯男。"

白玉福寿双全摆件

玉道㊄玉之和

这是歌颂周文王多子多福的句子，大姒是周文王的妻子，她继承了周文王母亲及祖母的美德，所以肯定会子孙众多，而结果也是生了一百个儿子。《封神演义》还将这个故事发挥了一下，说周文王已经生了九十九子，在去往朝歌的路上，祥云生，雨露降，一个霹雳之后，在路边出现了一个雷公嘴的婴儿，文王仁慈，把他收为养子，也就是后来背生两翼的雷震子，于是刚好满一百个儿子。无论是《诗经》的歌颂，还是《封神演义》的神话，都在表达古人对于儿孙满堂的渴望，其实也是对"福"的渴望。

父母给了我们生命，我们应时刻感恩。"孝"是建立国家秩序和家庭伦理的基本准则，也是孔子所说的"仁"的重要内核。"教"

青玉虎啸山河摆件

字拆开就是"孝文"，中华传统教育的核心就是"人"，而做人的第一标准就是"孝顺父母"。父亲代表"天"，母亲代表"地"，一个人如果不孝顺父母，则天地不通，不能健康长寿，更不会有福。

生而为人的最高目标是什么？古人认为就是君子。很多人认为"谦谦君子，温润如玉"，君子是温柔的，甚至有些柔弱。这是没有理解"温润"和"温柔"的差别。孔子用"玉"比喻的"君子"不但有温润而泽的外表，更有缜密以栗的坚强。君子爱金玉的良缘，也有玉碎的气节。君子彬彬有礼，更忠诚守信。"富贵不能淫，贫贱不能移，威武不能屈"是君子的人格，而"穷则独善其身，达则兼善天下"则是君子的志向，其精神见于山川，其胸怀涵盖天地，君子就是道德的化现。《大学》所表达的格物、致知、诚意、正心、修身、齐家、治国、平天下思想则是"天行健，君子以自强不息"的人生写照。

无论是东方文明还是西方文明，自强不息与社会责任始终是君子或贵族精神的最高标准。一个君子的人生价值不是体现在自己拥有多少财富上，而是体现在可以带给别人多少帮助上。在中华传统文化中，最能够代表君子社会责任和国家责任的一句话，就是"推己及人，雪中送炭"。

雪中送炭的典故，出自一个真实的历史故事，据《宋史》记载，

翡翠雪中送炭摆件

翡翠雪中送炭摆件局部

淳化四年，宋太宗在二月壬戌这天下令"赐京城高年帛，百岁者一人加赐涂金带"。不巧的是这天雨雪交加，天气异常寒冷，因此，宋太宗立即宣布，派遣"中使"再赐京城"孤老贫穷人千钱米炭"。在这样寒冷的天气中，孤寡老人有了米炭，就等于有了生活的希望，从而对宋太宗感恩戴德。于是从宋太宗开始，"雪中送炭"的故事便流传开来，这便是这一典故的由来。

"推己及人，雪中送炭"本身是一种人格的大美，大美弘扬的是一种大爱，大爱的背后是大善，大善的底蕴是大德，大德的最高境界就是大道。"及人"两个字就把大美、大爱、大善、大德、大道完全覆盖，实现了人与人、人与自然的和谐统一。"及人"，是生命的反转，是智慧的开端，由利己的个体生命转向整体的圆满生命。当我们心量强大到与世界同呼吸，与民族同命运，与众生同生死的时候，才能真正的理解"及人"。

地势坤，君子以厚德载物

"和"是宇宙的本质，也是中华的智慧。万物归元的太极，阴阳一体的两仪，和谐共生的三才，含摄时空的四象，相生相克的五行与和合万物的八卦构成了中华文化浩瀚恢宏的气象。

古人认为自然界和人，都是由阴阳两大属性的物质构成的。阴阳相互对立又相互依存，温暖的、清虚的物质为阳；寒冷的、浑浊的物质为阴，从人体的结构来说，上部为阳，下部为阴；体表为阳，体内为阴。

阴阳相互作用生出五种构成世界的基本物质形态，即五行金、木、水、火、土，这就是五行学说的概念。五行学说是中国古代哲学的重要成就，它认为金、木、水、火、土这五种基本物质之间的运动变化生成了整个世界。其中，金的特性为：清洁、肃杀、

黄玉和合二仙摆件

收敛；木的特性为：生长、升发、舒畅；水的特性为：寒凉、滋养、润下；火的特性为：温热、升腾；土的特性为：生化、承载、受纳。这五种物质既相生，又相克。五行相生的关系：木生火，火生土，土生金，金生水、水生木。五行相克的关系：木克土，土克水，水克火，火克金，金克木。

中国的中医就是以阴阳五行思想、天人合一哲学观点为基础，以辨证论治为基本治疗概念而产生的。中医认为人的生老病死等生命活动都和自然界有着密切的关联，人体也是阴阳和五行相互作用的一个整体，阴阳五行失去平衡，就会生病。中医在诊疗疾病时，根据具体的情况采用不同的治疗方法，从不孤立地看待任

黄玉和合二仙摆件局部

何一种身体异常反应。

在古代中国，人们以天干地支作为载体，来展现天地万物运行的规律。天干承载天之道，地支承载地之道。"在天成象，在地成形，在人成运。"天道与地道影响着人道，所以用天干地支来契合反映天地人事的运行。万物虽长于地上，但是万物的荣盛兴衰却离不开天。十天干与十二地支的组合，构成了六十甲子，六十甲子用以阐述天地人之学，循环往复，周而复始。

中国古代的儒道思想对于艺术所依存的美学基础的影响极为深远。中国的山水画诞生的两晋，正是道家的玄学发展到鼎盛的时期。道家的那种重"心"略"物"的思想，奠定了中国山水画甚至整个中国艺术的重意象而轻形象的美学观念，将天人之间的感应互通视为创作的基点。中国画的哲学基础是讲究天人合一、心有万象，而创作方法讲究随心所欲，这一直是历代画家所追寻的创作心境。

无论习的是《中庸》《大学》，还是《论语》《道德》；无论参的是《周易》，还是《五行》《历法》；无论行的是中医，还是书画。中国君子就是要悟一个"和"字。和合之后的平安如意是幸福生活的基础，也是中国传统文化所追求的"五福"，福和寿在这里实现了统一。

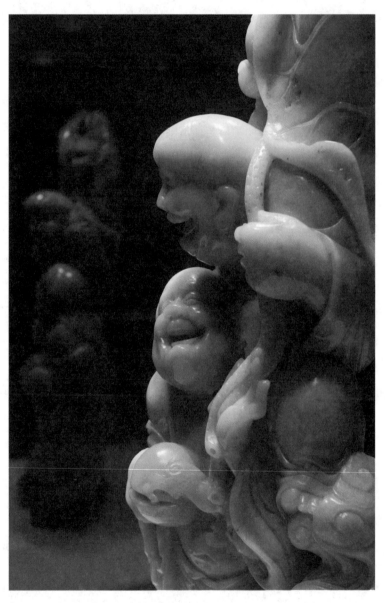

黄玉和合二仙摆件局部

"长寿"是命不夭折而且寿数绵长；

"富贵"是钱财富足而且地位尊贵；

"康宁"是身体健康而且内心安宁；

"好德"是心性仁善而且顺应自然；

"善终"是安详离世而且饰终以礼。

近代吉祥文化所谓"五福"，指的是"福、禄、寿、喜、财"。而中国古代探讨幸福的标准时所说的"五福"来源于《尚书》。《尚书·洪范》上所记载的五福是："一曰寿，二曰富，三曰康宁，四曰攸好德，五曰考终命。"如果与吉祥文化的"五福"对应，则"福"相当于"康宁"，"禄"相当于"贵"，"寿"相当于"长寿""善终"或"考终命"，"喜"相当于"好德"，"财"相当于"富"。可见，话语虽有所不同，但是其意趣还是可以互通的。

人是历史的主体，也是社会生活的主体。有了人，才有了历史，才有了社会生活。人又是自然的生物，需要遵从自然的生存法则，承受着生老病死的困扰。在历史实践中，人类总结并积累着生存的经验，越来越重视生命的价值。在传统幸福观念中，"寿"被视为"五福"之首。"寿"乃"年得长也"，其基本意思是"命不夭折而且寿数绵长"。道家也特别重视养生长寿，其根本在"道法自然"，认为养生方法莫过于顺应自然，达到"天人合一"的境界。为此，老子特别强调"少私寡欲"，不重财富、名位和权

青玉贴金彩绘四方瓶

势。庄子则主张人生在世须"安时处顺""齐万物""一生死"，视生死一如，让形体健全，精神充足。

"富"是传统五福观念中的第二种"福"。"富"乃"家丰财货也"，通俗地说，就是家中有财。"富"与"财"直接关联，称为财富；"富"还与"贵"特别是"禄"相联系，称为"富贵"。在传统社会，地位尊贵者意味着富有，而富有者也常常拥有尊贵的社会地位。富贵的基本含义是"钱财富足而且地位尊贵"。早期儒家虽然并不十分重视富贵，但还是肯定追求富贵是人的本质欲望。孔子说，"富与贵，是人之所欲也"，"贫与贱，是人之所恶也"，即是此理。

"康宁"是"五福"中的第三种福，即"无疾病也，健康安宁，身体无疾病，内心无纷扰，也包括社会安定有序，无战乱、无灾祸。在《尚书·多士》篇中也使用过"康宁"一词："予惟时其迁居西尔，非我一人奉德不康宁，时惟天命，无违。"这是周公代周成王向殷商旧臣宣布的诰词，他说自己是奉天命让殷商遗民迁居的，并非不让他们生活安定宁静，而是上天命令他这样做，不能违背。《汉书·宣帝纪》中有"天下蒸庶，咸以康宁"的说法，《贞观政要·论政体》有"数年间，海内康宁，突厥破灭"的记载。这里所说的"康宁"显然也都指生活安定，社会有序。不过，就"五福"的本来含义而言，主要还是指个人的健康安宁。

青玉贴金彩绘四方瓶局部

五福中的第四种福"攸好德",是指"性所好者美德也"。"攸"即"修",这里指"修养"。因此,"攸好德"的含义不仅指有好的德性,也指即使没有,也要通过自己不断的修行培养,来具备好的德性。管子说:"德性,道之舍。物得以生生,知得以职道之精。故德者得也,得也者,其谓所得以然也。以无为谓之道,舍之之谓德,故道之与德无间,故言之者不别也。间之理者,谓其所以舍也。""得"就是掌握事物的本原了。"无为"叫作道,"施道"叫作德,所以道与德本来没有差别,德是道的实践。因此,"德"有获得、拥有的意思,但并不是对财富或奴隶之类东西的获得和拥有,而是对道的获得和拥有,而使之内得于心成为品质,即德性。显然,这种"德"是道德意义上的"德"。正是在这种意义上，后来将"道"与"德"连用，于是就有了"道德"的概念。管子对"德"的理解很显然是受了老子的影响的。

"考终命"作为"五福"的最后一种福，孔颖达解释为："成终长短之命，不横夭也。"这里的"考"是"老"的意思，"考终命"可理解为"老而得善终"，意即"尽享天年，长寿而亡""善终"。"考终命"的"终"，隐含着"始"，隐含着到达"终"的生命过程。也就是说，这里的"善死"意味着"善生"，意味着一生都活得有意义、价值，活得好、活得圆满。倘若一个人作恶多端、恶贯满盈，即使他活到一百岁且无痛苦地自然老死，我们也不能说他是"考终命"，他也不可能达到圆满。

受到尧舜时代就已经形成的"五福"文化影响，自古以来玉器中就大量承载了五福的题材与纹样，并深刻影响着中华民族的人生观和幸福观。用一句话概括这种幸福观就是：地势坤，君子以厚德载物。

幸福圆满的如玉人生

从个体生命来说，达到"五福"已经是人生的极致了，但圣人却告诉我们小我的如意并不圆满，而是要利养万物。当个体的平安与五福达到后，人生将迎来如意的升华，将"利己"的如意，转为"利他"的如意。

如天之意：自然的运转，四季风调雨顺。

如地之意：大地的安宁，万物生生不息。

如国之意：国家的富强，应运协和万邦。

如民之意：社会的繁荣，民族安定团结。

如家之意：家人的和谐，健康快乐幸福。

实现天、地、国、民、家的整体平安如意，才是玉文化"及人"的最高目标，而"及人"之后，方能实现人生的"圆满"。

玉文化融合了儒家的"三不朽"思想，道家的"天地同善"思想，及佛家的"自觉觉他"思想，提出"圆满"人生的实现，"圆满"是如玉人生的最高境界。

白玉并蒂花插

儒家的人生追求：三不朽

《左传·襄公二十四年》中提道："大上有立德，其次有立功，其次有立言，虽久不废，此之谓三不朽。""立德"，是树立起道德榜样的意思；"立功"，是指为国、为民建立功德、功绩；"立言"，就是无论对同僚还是对领导，都要提出建设性的意见，阐释有意义的观点，只有这样的人才能流芳百世。

孔子在《大学》中提道："大学者，立德之处所；惟有先立德，才可立功；立德立功，方有立真言之力。"意思就是，一个人如果想有所作为，首先要有高尚的道德，这样才可以树立自己的威信，然后才有机会立功，立功之后才会有立真言的能力，虽然儒家追求人生的"三不朽"，但历史上能够实现的人寥寥无几。

道家的人生追求：天地同善

《庄子·外篇·天地》说："故通于天地者，德也；行于万物者，道也；上治人者，事也；能有所艺者，技也。技兼于事，事兼于义，义兼于德，德兼于道，道兼于天。故曰：古之畜天下者，无欲而天下足，无为而万物化，渊静而百姓定。"天地变化的内涵，我们称之为"德"；万物运行的法则，我们称之为"道"；国君统治万民的策略，我们称之为"事"；某一方面的才能，我们称

白玉并蒂花插局部

之为"技"。技艺统一于事理，事理统一于大义，大义统一于德，德统一于道，道统一于天。所以说，古代管理天下的君王，无所求就让天下富足了，无所为就让万物运化了，沉静恬淡就让百姓安定了。

道，是覆盖和托载万物的，多么广阔而盛大啊！君子不可以不敞开心胸排除一切有为的杂念。用无为的态度去做就叫作自然，用无为的态度去说就叫作顺应，给人以爱或给物以利就叫作仁爱，让各个不同的事物回归同一的本性就叫作伟大，行为不与众不同就叫作宽容，心里包容着万种差异就叫作富有。因此持守自然赋予的禀性就叫作纲纪，德行形成就叫作建功济物，遵循于道就叫作修养完备，不因外物挫折节守就叫作完美无缺。君子明白了这十个方面，也就容藏了立功济物的伟大心志，而且像滔滔的流水汇聚一处似的成为万物的归往。

佛家的人生追求：自觉觉他。

菩萨是"菩提萨埵"的简称。菩萨是佛弟子，语意如菩提树枝繁叶茂。菩提译为"觉"，菩提一词来源于菩提树，因佛祖在菩提树下大彻大悟。萨埵译为"有情"，菩萨，便是觉有情，有情是指有情爱与情性的生物。将自己和一切众生一齐从愚痴中解脱出来，而得到彻底的觉悟，实现自觉觉他的境界，这种人便叫作菩萨。

玉文化所倡导实现的"圆满"人生，以一种前所未有的包容和谐与朴实无华，让每个人在当下实现个体生命的"圆满"。

每一块玉都是独有的，都是与众不同的，是天地精华。人生没有贵贱之分，只有生命天赋不同，而生命最重要的价值就是孝顺父母，孝则感动天地。人应认知自己与众不同的"生命"。

美玉经亿万年砥砺方得温润无瑕，人生就是一个不断探索，不断磨炼，不断经历的过程，没有真正的失败，也没有真正的成功，

白玉双耳熏炉

白玉双耳熏炉局部

唯一能够成就的是自心的清净与"自强"。

玉器的雕琢是一个抛弃自我的过程，也是一个重生的过程。当内心足够强大后才能开始舍弃自己，才能在无我中与大道相应，才能体会自然的规律，才能开始循道而为，利益众生，这就是"及人"。

由玉琢磨成器的过程，即是和合的过程。玉器的材质不一，题材多样，可和于各种文化精神，各种民风民俗，均可成器。而人则天赋不同，使命不同。心和于道，身和于世，在不同的社会身份中都能安住当下，实现自己最佳的价值即为"和合"。

玉分五色，暗合五行。人生内心平直为长寿，知足为富贵，无非为康宁，无我为好德，无忧为善终，五福临门为"平安"。

玉器的功用不同，核心是如人之意。人在家庭、社会、国家的身份不同，核心是舍弃自我，如人之意。如此即以道和，天地同善、自觉觉他，自然实现"立功、立德、立言"，不求流芳百世，但求温润人心，此为"如意"。

表面是石，内心是玉，石玉一体，琢磨成器，方能实现精神的升华。每个与众不同的"生命"在经历了"自强"的认知，"及人"的感悟，"和合"的修为后，自然实现"平安"与"如意"，最终证悟到本来"圆满"的如玉人生。人生的健康、快乐、幸福与一切的外在无关，只与我们的心有关。

当心灵"圆满"时，整个人生就实现了"圆满"。

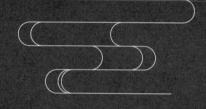

第九章

奥运金镶

民族的伟大复兴

"

在 2008 年奥运会开闭幕式中，在展现民族
精神的舞台上，中国人毫无悬念的以玉器为创
作原型，以玉文化为精神内涵，将国之重器与
美好祝福送给了全世界的各族人民。

"

凤凰的涅槃重生

　　1840 年至 1842 年的鸦片战争是中国近代史的开端，也是中华民族再一次走向涅槃的开始。鸦片战争前，闭关锁国的清朝逐步落后于世界大潮，但是在外贸中，一直处于贸易顺差地位。为了扭转对华贸易逆差，英国开始向中国走私毒品鸦片，获取暴利。1838 年（道光十八年）冬，道光帝派湖广总督林则徐为钦差大臣，赴广东查禁鸦片。林则徐到任后，严行查缴鸦片 2 万余箱，并于虎门海口悉数销毁，这就是历史上著名的虎门销烟。英国政府以此为借口，派出远征军侵华。1840 年 6 月，英军舰船 47 艘、陆军 4000 人在海军少将懿律、驻华商务监督义律率领下，陆续抵达广东珠江口外，封锁海口，鸦片战争开始。战争以中国失败并赔款割地告终。签订了中国历史上第一个不平等条约《南京条约》。中国开始向外国割地、赔款、商定关税，严重危害了中国的主权。

第二次鸦片战争后的圆明园

　　鸦片战争使中国开始沦为半殖民地半封建社会，丧失独立自主的地位。可以说，从鸦片战争开始一直到第二次世界大战结束，中国从未有过民族的自信和文化的繁荣，这一百年是在民族的痛苦与反省，国家的兴亡与混乱中度过的。大厦将倾，覆巢之下岂有完卵，在国家生死存亡的自我救赎过程中，伴随着对陈腐体制的否定和对新文化、新思想的迫切需求，中国传统文化也陷入了被否定、被抛弃的历史时期。在这个大变革的阶段，玉文化也随着封建王朝的毁灭和王权至上思想的否定走下了神坛。因为国家的贫瘠与战乱，大型玉雕及陈设器的制作基本陷入停滞，民间也主要以文博传承和玉材质的首饰流通为主，可以说，在这个大的

残破的旧中国街道

历史阶段。玉器完全融入了民间，而传统玉文化也跌入了精神的谷底。

　　历史一次次证明，中华民族这个神奇的民族在每次发生巨大的混乱并濒临灭亡的时候，都能以新的组织形式和文化精神重生并焕发出巨大的生命力和影响力。春秋战国后诞生了伟大的汉朝，三国魏晋后孕育了隋唐的盛世，五代十国后塑造了最美的宋代。直至今日，我们还称自己为汉族，欧洲称我们为唐人，将宋形容为最美的国度，这都与国家民族的重生有着直接的关系。而元明清使中国真正意义上实现了多民族的统一和疆域的辽阔，这种统一一直延续到今天。

新中国的建立

　　回顾鸦片战争后的百年中国，对于国家和民族来说是无比痛苦的，但这种痛苦让中国看清了比自己更强大的世界和全新的欧洲文明，并在绝望中开始重塑自我，在死地中寻求生的方向。鸦片战争后的百年中国，促生了一个世界历史上从未有过的国家形式，和崭新的意识形态诞生在战争的废墟中——中华人民共和国在1949年成立！这是只有在中华文化的土壤上才能诞生的奇迹，这就是凤凰的涅槃与重生！

　　新中国成立后，在中国共产党的领导下，中国实现了政治的独立、经济的独立、文化的革新，特别是战胜了重大的自然灾害和强敌的封锁威胁。新中国成立后的第一个30年，中国以大无畏的精神与勇气，以艰苦卓绝的毅力让中华民族重新屹立在了世界的东方。1978年十一届三中全会后的改革开放，中国又用了30年的时间，以万众一心的凝聚力，以日新月异的创造力，取得了举世瞩目的经济成就和社会进步，诞生了令世界惊叹的中国速度和中国奇迹。2008年8月8日，第二十九届夏季奥运会在中国的北京成功开幕。对中国来说，奥运会是一个具有时代意义的国际盛会和历史事件，它代表着中国在政治、经济、文化领域正式成为了东方的世界中心，中国的综合国力已经实现了世纪的复兴，中华民族从此开启了一个新的时代和面向世界的宣言——中华民族的伟大复兴。

北京奥运会开幕式举办地国家体育场

历史总是有着惊人的巧合与暗示，古代中国是以一个甲子为完整的纪年轮回，而新中国刚好是用了 60 年的时间完成了社会结构和经济基础的建设与繁荣。作为一个时代的节点，"鸟巢"也恰如其分的展现出了中国这只浴火重生的凤凰翱翔九天的凌云壮志。

　　在 2008 年奥运会开闭幕式中，在展现民族精神的舞台上，中国人毫无悬念的以玉器为创作原型，以玉文化为精神内涵，将国之重器与美好祝福送给了全世界的各族人民。奥运会徽以玉玺的形式在奥运文化中永久的篆刻上了"中国之印"，对全世界运动员进行表彰的金、银、铜奖牌的原型正是周礼中的玉璧，不但有"苍

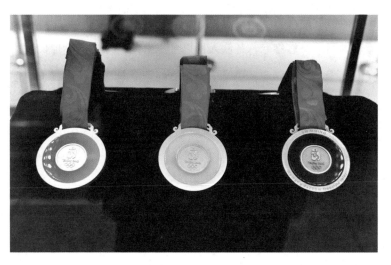

北京奥运会的金镶玉奖牌

北京奥运会"京"字印章会徽

璧礼天"之礼，又含"金玉良缘"之美好祝福，"白色""青色""碧色"展现出中华民族独有的文化与智慧。

浩浩兮，古老中国以苍璧礼乐天下。巍巍兮，崭新中国以玉璧表彰四方。悠悠兮，各族人民以金玉喜结良缘。这不但代表了我们几千年的世界观，更希望以东方的智慧与文化建立二十一世纪人类全新的世界格局与秩序，中华民族将以全新的姿态面向未来，并准备开始承担更多的责任，为世界文明的进步和发展做出应有的大国贡献。

2008年北京奥运会，极大地振奋了中国的民族精神，增强了民族的自信，无论是"中国印"会徽还是"金镶玉"奖牌，都标志着一个伟大时代的开始。

进入二十一世纪后，党和国家领导人曾多次在重大会议中明确提出了"中华民族的伟大复兴"这一时代目标。在经过十几年的修订与发展后，最终，"实现中华民族伟大复兴的中国梦"正式成为了国家的战略思想，中国正在以前所未有的民族自信与清晰准确的战略步骤实现着这个利益全人类的伟大"中国梦"。

从 2013 年开始，中国正式向世界提出了改变世界政治、经济格局，具有划时代意义的两个重大倡议：

一是先后提出共建"丝绸之路经济带"和"21 世纪海上丝绸之路"（简称一带一路）。倡议一经提出，得到了国际社会与相关国家的高度关注，亚欧各国积极响应并参与到"一带一路"的共建之中。"一带一路"的建设，有利于促进沿线各国经济繁荣与区域经济合作，加强不同文明交流互鉴，促进世界和平发展，是一项造福世界各国人民的伟大事业。

二是 2015 年 9 月，中国向世界宣布："当今世界，各国相互依存、休戚与共。我们要继承和弘扬联合国宪章的宗旨和原则，构建以合作共赢为核心的新型国际关系，打造人类命运共同体"。

第十三届全国人民代表大会第一次会议通过的宪法修正案，将宪法序言第十二自然段中"发展同各国的外交关系和经济、文

白玉骆驼摆件

化的交流"修改为"发展同各国的外交关系和经济、文化交流，推动构建人类命运共同体"。

"一带一路"和"人类命运共同体"，已经成为了二十一世纪国际社会最具影响力的思想名词，就如同"和平共处五项基本原则"一样成为了影响世界的中国智慧。

在遥远的夏、商、周文明起源时期，中华民族的先人们就因到昆仑取玉而开创了横跨半个中国，延续几千年的"玉石之路"；

在两千多年前的西汉，张骞沿着先人们的足迹开辟了亚欧大陆的外交与经济文化交流，缔造了举世闻名的"陆上丝绸之路"；今天，二十一世纪的中国将再次以博大的胸怀融合疆域与民族的壁垒，建设包容整个世界的"一带一路"和"人类命运共同体"，让中国再次成为世界的政治、经济、文化中心，用中华的民族智慧引领世界文化，造福全人类。

纵观人类历史，优秀的四大文明古国绚丽多彩，各自都拥有

翡翠富贵锦绣花篮

着几千年的哲学思想与价值观，但悠久的古巴比伦文明、神秘的古埃及文明和博大的古印度文明都已经逐渐退出了历史的舞台。唯独古老的中华文明却生生不息从未间断，并在不同的历史时期都能重新焕发出新的生命力。究其根本原因，是中华文明独有的自我修正能力、自我再生能力和与众不同的包容性。这种包容性就体现在一个"和"字。

只有"和"才能融合所有的对立，只有"和"才能释放所有的问题，也只有"和"才能让地球变成一个共同的美丽家园。如果说"一带一路"是实现中华民族伟大复兴的具体战略与方案，那么"构建人类命运共同体"就是用中华传统文化建设世界新秩序的智慧与精神。

一个民族的复兴在于文化的复兴

一个民族的复兴需要硬实力，没有哪个国家的繁荣不是依靠强大的政治基础和经济基础为保障的，中国的改革开放为民族复兴奠定了雄厚的经济基础和政治稳定，中国已经开始在世界范围以大国姿态进行着广泛的社会援助与经济支持。但真正的复兴仅仅依靠硬实力是不够的，是不能长久的，就如同一个拥有庞大财富的人，即便是做了很多帮助别人的公益事业，但如果没有核心思想与价值观念的建立与输出，就只能是一个善人，而不能成为圣贤。一个国家如果没有核心文化与精神，也不能获得国际社会真正的尊重，更不能对世界的进步与文明做出应有的贡献。一个没有强大文化的国家，不但是一个不被尊重的国家，更是一个没有根，没有灵魂的国家。

自 2007 年开始，党和国家就曾多次提出要推动社会主义文化大发展、大繁荣，并明确文化是综合国力竞争的重要因素，要激发全民族文化创造活力，提高国家文化软实力，弘扬中华文化，建设中华民族共有的精神家园。

2013年，党和国家更是提出了实现中华民族伟大复兴的中国梦的宏伟愿景。之后在文化工作上也多次强调："没有高度的文化自信，没有文化的繁荣兴盛，就没有中华民族的伟大复兴。""一个国家、一个民族的强盛，总是以文化兴盛为支撑的，中华民族伟大复兴需要以中华文化发展繁荣为条件。文化的繁荣发展是一个国家最深沉的软实力，是一个国家综合国力的重要组成部分。"

碧玉龙纹描金大缸

悠久的中华传统文化是当代中国的根与灵魂，与民族复兴之间也有着密切的关系："中国有坚定的道路自信、理论自信、制度自信，其本质是建立在五千多年文明传承基础上的文化自信"；"文明特别是思想文化是一个国家、一个民族的灵魂。无论哪一个国家、哪一个民族，如果不珍惜自己的思想文化，丢掉了思想文化这个灵魂，这个国家、这个民族是立不起来的"；"中国优秀传统文化，可以为治国理政提供有益启示，也可以为道德建设提供有益启发"；"我国今天的国家治理体系，是在我国历史传承、文化传统、经济社会发展的基础上长期发展、渐进改进、内生性演化的结果"；更因为"只有坚持从历史走向未来，从延续民族文化血脉中开拓前进，我们才能做好今天的事业"，"没有文明的继承和发展，没有文化的弘扬和繁荣，就没有中国梦的实现"。

　　在对中华传统文化传播的具体操作上，"要大力培育和弘扬社会主义核心价值体系和核心价值观，加快建设充分反映中国特色、民族特性、时代特征的价值体系。要加强对中华优秀传统文化的挖掘和阐发，努力实现中华传统美德的创造性转化、创新性发展，把跨越时空、超越国度、富有永恒魅力、具有当代价值的文化精神弘扬起来，把继承优秀传统文化又弘扬时代精神、立足本国又面向世界的当代中国文化创新成果传播出去。"

　　可以说，一个民族的复兴在于民族精神的复兴，民族精神的复兴在于人文精神的复兴，人文精神的复兴在于文明的复兴，文明的复兴在于文化的复兴。中华民族的伟大复兴必然也依赖于中华文化的复兴、繁荣与日益的昌盛。

碧玉嵌金贴彩三足宝鼎

中华文化的符号——玉

文明的传承需要载体，文化的传播需要符号，纵观八千年的中华文明，唯一能够与民族的诞生、成长、强大、蜕变、繁荣、衰落、复兴时刻伴生，并且从未间断的文化就是玉文化；唯一能够承载民族的宇宙观、世界观、道德观、价值观、伦常观的还是玉文化；能够将礼乐文化、美学思想、佩饰风度完整展现的更是玉器与玉饰；完美融合神权、王权、道家思想、儒家思想、佛家思想、君子风尚、民俗民风于一身的只有玉。

中华民族可称之为"玉"之民族，从上古时期的"以玉示神"到夏、商、周文明起源时期的"以六器礼六合"，从孔子的"比德于玉"到"传国玉玺"，从"汉八刀"到乾隆皇帝的"玉图书"，从道家的"仙丹"到佛家的"舍利"……全世界各民族没有任何一个民族同中华民族一样，取玉、崇玉、爱玉、礼玉、琢玉、赏玉、品玉、用玉、佩玉、赠玉、食玉、葬玉。玉为祭器、为礼器，为佩、为饰，更与中华文明水乳交融、一脉共生，形成了八千年延绵不绝的玉文化。

口中含玉为国，家中有玉为宝。"和氏璧"是在讴歌我们中华民族的坚韧精神和不屈不挠的意志；"完璧归赵"颂扬的是一种玉的精神，是人类恪守信约的美德和舍生取义的情操；"玉不琢，不成器"，这句话已超越咏物范围，而成了造就人才的箴言；"化干戈为玉帛"，玉是和平的象征；"宁为玉碎，不为瓦全"，

翡翠百子庆丰摆件

这正是玉美的"人化";"黄金有价玉无价",它象征高尚的人格,君子的气节,优秀的品德,以及生活的理想;"金玉良缘",是对幸福生活最真挚的祝福;"亭亭玉立、玉树临风、温润如玉、冰清玉洁、小家碧玉……"是赞美内涵和外表的最传神词语。

玉的生成经历了地球生成,经历了熔岩高压,经历了沧海桑田,经历了严寒酷暑,受风吹雨打,得日精月华,可谓是历尽艰难,劫后存世,尽留精华,堪称是大地的舍利。

玉道伍玉之和

白玉福禄九子摆件

玉的纯洁性、稳定性、恒久性、稀有性与自然形体、硬度、光泽、音质以及形成的过程等，启发了人类的认知，提升了人类的智慧，塑造了人类的个性，融入了人类的文化，影响了人类的思想，推动了人类文明的进程，可以说，玉是宇宙赠给人类的精神财富。

　　人类借助雕琢的玉器来表达宗教信仰、文化思想、艺术审美、哲学思辨，进而来完善社会结构、协调社会秩序、表达公信权力，并记录、传承人类对自然、社会、文化、艺术、宗教等的认知，所以说，玉是华夏祖先留给后辈儿孙的文化遗产。

碧玉九龙戏珠摆件

墨玉蝠纹璧

　　人类是宇宙的产物，是宇宙精神的凝结，玉也是宇宙的物质精华，因此从精神文化的角度讲，玉是宇宙间离人类最近的物质，是人类的知音与挚友。玉与人同，美玉就代表着完美的人格，玉是人类感悟天人合一的媒介。

　　"玉文化"一路伴随着中华民族走进了二十一世纪的中国，必将成为促进"一带一路"沿线各国经济、文化交流的有形载体，篆刻属于这个时代中国的历史印记。"玉"也将再次感通天地，成为建设"人类命运共同体"，实现中华民族伟大复兴的中国梦的传统文化符号和中国的文化名片。

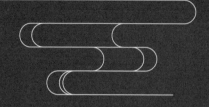

第十章

大同世界

人类共同的精神家园

"

　　"和玉"是儒家的和而不同，"和玉"也是道家的阴阳和合，"和玉"更是佛家的一合理相，和则生仁爱，和则兴万邦，故君子"以德养心"。

"

中华文化的核心——"和"

盘古开天，化身为大地山川承载万物；女娲造人补天，立人为万物之灵；伏羲感通天地，画先天八卦探寻自然规律；炎黄二帝顺天爱民，建立国家历法定天下人心；周王以玉制六器，礼乐天地东南西北六合；秦皇汉武受命于天，既寿永昌，开创民族盛世；从神话起源到民族的盛世，中华就始终遵循着天人合一的宇宙观。

随着社会的进步和文化的发展，在宇宙观的基础上，诞生了中医药文化、周易文化、道家、儒家和诸子百家，天人合一的思想最终在老子的《道德经》中得到了完整的诠释，并深刻影响了儒家。中国美学的最高追求即是庄子所说的"天地有大美而不言"和"既雕既琢，复归于朴"物我两忘的合一境界。

在天人合一思想的基础上，儒家提出了中庸正直、仁爱和谐

白玉和合二仙摆件

的治国理论，中正仁和追求的即是身心和谐、人人和谐、社会和谐和天人和谐，从而诞生了中华民族独有的"和"文化。可以说，天地人和合共生就是中华文明之根，而"和"文化，则是中华民族的灵魂。

关于"和"字，许慎的《说文解字》这样解释："和，相应也。""和"字最早写做"龢"，从组字方式来看，它是形声字。"禾"是读音，"龠"是表义。"龠"在古代是指一种乐器，《说文》说"龠，乐之竹管，三孔，以和众声也"。《尔雅·释乐》更是直接把"龢"解释为一种体积较小的笙。古代的雅乐一般由八个人分别演奏八种乐器，那八种乐音更要"相应"，这样才能配合演奏出美妙的乐曲。所以"和"最早应该是几种乐器演奏出来的声音相互搭配和谐的意思。

因为音乐制度也是国家典礼中非常重要的一种规范，所以"和"字也就有了政治学的意义。早在西周末年，周幽王的太史伯阳父就提出"和实生物，同则不继"的著名论断，并解释说："以他平他谓之和，故能丰长而物归之。若以同裨同，尽乃弃矣。""以他平他"，是以相异性和相关性为前提的，相异的事物相互协调

白玉兽耳活环炉

碧玉布袋和尚

并进，就能发展；"以同裨同"则是以相同的事物累加，其结果只能是滞塞不前。"以他平他谓之和"，就是现代哲学的多样性统一或对立和谐，只有这样，才能"和五味以调口""和六律以聪耳"。

　　道家《老子》四十二章又云："道生一，一生二，二生三，三生万物。万物负阴而抱阳，冲气以为和。"更从宇宙本体论、生化论层面，阐释了"和"是阴阳二气矛盾统一，是生成万物的内在依据或存在状态。而《庄子·天道》篇称"与人和者，谓之人乐；与天和者，谓之天乐"，天和、人和，即是顺应自然，而不要人为地干扰，甚至破坏自然，这是万物之美所以产生的哲学根据。

在春秋战国的思想论战中，出现了"和同"之争，这些都体现着"和"思维的演变与完善，后来齐国的宰相晏子进一步提出了"和与同异""否可相济"的思想。而老子指出："道生一，一生二，二生三，三生万物。万物负阴而抱阳，冲气以为和。"这些思想矫正了"和"的内部逻辑，丰富着"和"的内涵。老子之后的孔子，提出了"君子和而不同，小人同而不和"的观点，这是一种纯社会学的论断，指出君子怎样处理和持不同意见的人之间的关系。

孔子还提出"中庸"的观点，来配合"和"的观点，有"致中和"之说。孔子的学生有子首次提出了"和为贵"的思想。"有子曰：礼之用，和为贵。先王之道，斯为美，小大由之。有所不行，知和而和，不以礼节之，亦不可行也。"

群经之首的《周易》里，也提到了"和"的概念："乾道变化，各正性命，保合太和，乃利贞。首出庶物，万国咸宁。"这里的"和"主要指"太和"。"太和"指养育生命宁静谐调的状态。天道超然于万物之上，才能保证自然和谐和万国咸宁。《周易》还提出：

翡翠福寿绵绵摆件

"夫大人者，与天地合其德，与日月合其明，与四时合其序。"
这是一种天人和谐的思想。

北宋的理学家张载所著《正蒙》第一篇即为《太和》，他借用《周
易》中"太和"的观念抒发自己的宇宙观，认为"太和"就是运
行天地万物之后的"道"，是"和之至也"。理学家周敦颐在《太
极图说》中从哲学角度描绘了宇宙、阴阳、五行之间和合共生的
关系，又在《通书》中讲到："故圣人作乐，以宣畅其和心，达
于天地，天地之气，感而太和焉。天地和，则万物顺，故神祇格，
鸟兽驯。"他用"太和"的观念，建立了一套儒家的和谐社会体系。

在经历了和实生物、阴阳和合、天人合一、和而不同的文化发展与演变，"和"向"同"方向开始演变，无论是国家关系还是社会关系，体现出求同存异、和平共处的哲学思想。

　　作为明代以来中国统治中枢的北京故宫，其建筑格局设计也是遵循着儒家"中正仁和"思想的。故宫中轴线上"太和""中和""保和"三大殿，便是以三个带"和"字的词语命名的，它充分反映了中国人对"和"文化的尊重。"太和"是指宇宙天地万物的和谐，人与天地的和谐。"中和"是指人与人之间的和谐，人与社会的和谐。"保和"是指保持和谐，天地人永远处于一种

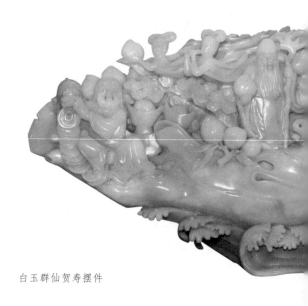

白玉群仙贺寿摆件

和谐共生状态。这可以说是中国人对"和"文化最高规格的展现与传承。

从西周"和"文化的萌芽，到春秋战国"和"文化的演绎，再到汉代"和"文化与国家制度的融合，并一直延续到清朝这两千多年的发展与完善，它已经成为了中国传统文化思想的核心。

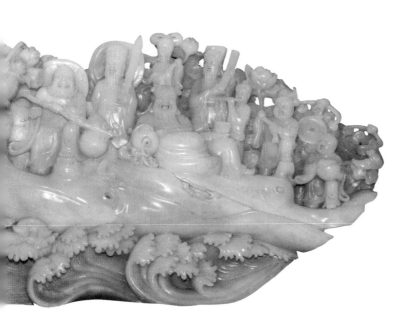

人类共同的和玉精神

优秀的传统文化，是中华文明得以传承和繁荣的精神支柱，也是构建人类命运共同体的思想渊源。几千年前中国古代《尚书·尧典》就提出"明俊德以柔九族。九族既睦，平章百姓。百姓昭明，协和万邦。"意思是说，国家应以"明德"求得内部的和谐与和平以及与外部各国的和谐与和平。

二十一世纪的中国，已经开启了中华民族伟大复兴的中国梦，时代的中国，要有符合这个时代进步和发展所需的时代精神与文化思想。需要新的"和"文化与精神，与这个伟大的时代相应，让中华几千年的智慧成为构建世界新秩序的精神内核。

2017 年，联合国日内瓦总部发出中国的声音："人类正处在大发展大变革大调整时期。世界多极化、经济全球化深入发展，社会信息化、文化多样化持续推进，新一轮科技革命和产业革命正在孕育成长，各国相互联系、相互依存，全球命运与共、休戚相关，和平力量的上升远远超过战争因素的增长，和平、发展、合作、共赢的时代潮流更加强劲。"

白玉太平有象摆件

"同时，人类也正处在一个挑战层出不穷、风险日益增多的时代。世界经济增长乏力，金融危机阴云不散，发展鸿沟日益突出，兵戎相见时有发生，冷战思维和强权政治阴魂不散，恐怖主义、难民危机、重大传染性疾病、气候变化等非传统安全威胁持续蔓延。"

"地球是人类唯一赖以生存的家园，珍爱和呵护地球是人类的唯一选择。瑞士联邦大厦穹顶上刻着拉丁文铭文'人人为我，我为人人'。我们要为当代人着想，还要为子孙后代负责。"

"让和平的薪火代代相传，让发展的动力源源不断，让文明的光芒熠熠生辉，是各国人民的期待。为此，中国给出的方案是：构建人类命运共同体，实现共赢共享"。中国在联合国为这个时代给出的解决方案，蕴含着传承千年的中国智慧，指明了人类文明的前进方向。

中华民族历来追求和睦、爱好和平、倡导和谐，"亲仁善邻""协和万邦"，数千年文明史造就了独树一帜的"和"文化。"和"文化"蕴涵着天人合一的宇宙观、协和万邦的国际观、和而不同的社会观、人心和善的道德观"。人类命运共同体就是对传统"和"文化、"仁爱"思想、"天人合一"等优秀传统文化的创造性转化和创新性发展。

碧玉藕荷摆件

　　世界需要人类命运共同体所代表的"和"的智慧来解决国际争端，以及日益严重的自然问题。"和玉精神"正是在这个大的时代背景下应运而生的"和"文化的精神成果。"和玉精神"是人类共同的文化精神，通过"和玉精神"的感悟，以实现个体生命的提升和集体生命的和谐，甚至达到全人类向自然的共同回归与智慧的升华。

　　"和玉精神"通过有形的"玉"将无形的"和"展现出来，并实现了可视化、生活化、大众化、可触摸、易传播的特征，可谓以器载道，道器和合。"和玉精神"同孔子的"比德于玉"穿越古今，遥相呼应。如果说"比德于玉"是春秋时代人文精神的精彩对话，那么"和玉精神"就是新时代中国社会关系与自然关系的华彩乐章。

玉是大地的舍利，与天地同根，与万物同源，是女娲补天的密码，是炎黄上古的神器，是 汉武受命于天的象征，是乾隆皇帝风雅人生的表现，更是八千年民族感通天地，实现天人合一宇宙观的唯一载体，中华自古即尊"以玉载道"。

老子说大象无形，道不可说。孔子说君子比德于玉，"仁智义礼乐忠信天地德道"玉皆有之。最终玉德融会五常昭天下，慈悲仁爱玉之仁，正义奉公玉之义，尚礼守法玉之礼，崇智求真玉之智，诚实守信玉之信。温润而泽，缜密以栗，廉而不刿，垂之如坠，孚尹旁达，君子仁义礼智信，上下五千年"以道立德"。

费孝通先生"各美其美，美人之美，美美与共，天下大同"是对中华"和"文化的高度概括，也是中华民族世界观的传承与发扬。玉与天和、玉与人和、玉与国和，玉德即是道德、天德、地德、人德。"和玉"是儒家的和而不同，"和玉"也是道家的阴阳和合，"和玉"更是佛家的一合理相，和则生仁爱，和则兴万邦，故君子"以德养心"。

穷则独善其身，达则兼济天下，"推己及人"是"和玉精神"

的核心与普世价值观。"及人"能自强不息，"及人"能仁爱天下，"及人"能四方平安，"及人"能自然和谐，"及人"能健康长寿，"及人"能如意圆满。"及人"高度凝炼了中华传统文化的智慧与作用，使智慧有的放矢，使思想行之有效，"及人"是儒家的推己及人，也是道家的上善若水，更是佛家的同体大悲。只有"及人"方能实现中华民族几千年一直追求的天人合一、和而不同的大同境界，和个体生命的幸福圆满，故君子"以心明人"。

"和玉精神"的时代价值是共建中华民族共有的精神家园和全世界各族人民心灵归宿的殿堂。"和玉精神"的以玉载道、以道立德、以德养心、以心明人的宗旨与天人合一的宇宙观、协和万邦的国际观道器和合；推己及人、雪中送炭的文化精神与和而不同的社会观、人心和善的道德观同出异名。"和玉精神"是全

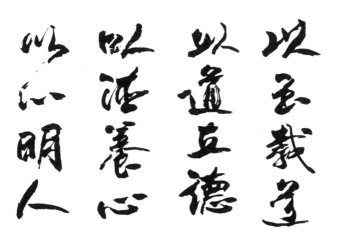

人类共有的精神家园，通过玉文化与"和玉精神"把中国传统文化分享给世界各族人民，以期实现扩大生命境界，提升生命层次，开启生命智慧，找到生命答案，实现生命价值的目的，进而实现造福全人类的美好愿景。

地球是人类唯一的家园，古往今来，宇宙十方，面对浩瀚的星系银河，我们不得不感叹人类如同尘埃般渺小。但即便是微细短暂如蝼蚁、微生物一般的生命，在自然的循环中也有着不可替代的生命功能。每个生命都值得尊重，都是宇宙不可分割的一部分，在天地形成之前，我们本为一体。如同美玉的精神世界一样，人类生命的价值也远远不止于肉体的物理形式和自然的生态功能。

美玉经历了天地的诞生，经历了高温熔岩，经历了风雨雷电，经历了沧海桑田，再经历匠人的琢磨之后，成为载道之器，道器和合，实现了超越材质和造型的文化精神永恒。人类文明的成长也是经历了自然的抗争，经历了朝代的更迭，经历了战争的痛苦，经历了宗教的洗礼后，最终开始追求全人类共同的幸福与自然的和谐，并开始向宇宙及生命的源头不断追寻。

中华文明悠久的"和"文化与当代的"和玉精神"将指引着中国和世界各国热爱生命、热爱自然的人们不断前行，在有形的世界感应大道的源头，用有限的生命承载无限的文化精神。让个

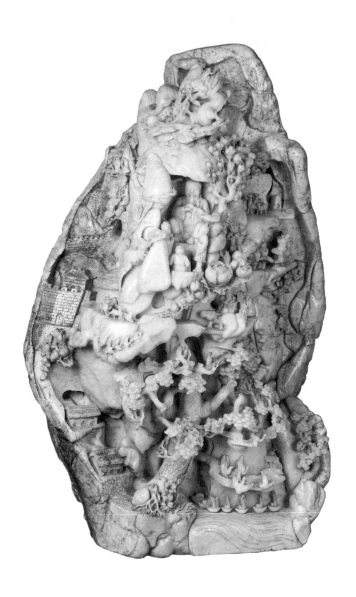

翡翠神州万象图山子

体意识回归整体意识，让个体生命回归整体生命，周而复始，生生不息，在生命的轮回中实现永恒的存在。

人、玉、万物、地球、银河、宇宙不可分离，我们本为一体。让全人类在东方智慧的启示下回归合一的精神境界，创造永恒的精神家园。

和玉的精神家园可以给全世界的文化展现未来，给各族人民开启智慧，在共同的精神家园中创造健康、快乐、幸福的大同世界。

感通天地的美石为"玉"，和平世界的君子为"王"。

玉道

道生万物，万物回归于道。

道可道，非常道。

一阴一阳之谓道。

天道，利而不害，

圣人之道，为而不争。

天有四时，地生万物，能与人共存者，仁也，

仁之所在，天下归之。

与人同忧、同喜、同乐、同生、同死者，义也，

义之所在，天下归之。

能免人之死，解人之患，救人之难，济人之困者，德也，

德之所在，天下归之。

凡人恶死乐生，好德而归利，能生利者，道也，

道之所在，天下归之。

仁、义、德、道共存者，玉也，

玉之所在，天下归之。

玉之和

茫人海	芸众生	世界观	有异同
和境界	普及众	道理者	在玉中
一为润	心境静	慈悲怀	善良行
二为融	讲宽容	仁爱心	谐与共
三为美	悦视听	内心处	美佳境
四为品	重德行	崇高雅	低俗摒
五为坚	智慧生	主正义	唯公正
六为韧	有耐性	不惧难	勇前行
玉需赏	玉靠释	玉要悟	学方明
儒释道	三家经	和观念	玉兼容
老李耳	五千言	书道德	论人天
玉不争	玉不辩	乐逍遥	法自然
释家语	普善行	悟成佛	得圆融
玉为财	玉为名	断舍离	心清净
孔夫子	著十翼	合经传	见真谛
玉有仁	玉有礼	德彰显	人修齐
华夏族	玉立国	玉之魂	国之魄
身心和	人人和	社会和	天人和
和为贵	万事兴	普天下	成大同

参考文献

著作类

叶舒宪著：《中华文明探源的神话学研究》，社会科学文献出版社，2015年版。

尚昌平著：《玉出昆仑》，中华书局，2008年版。

高洪雷著：《大写西域》，人民文学出版社，2016年版。

中国文物学会玉器专业委员会编：《丝绸之路与玉文化研究》，故宫出版社，2016年版。

叶舒宪，古方主编：《玉成中国——玉石之路与玉兵文化探源》，中华书局，2015年版。

张峰著：《中国古代典籍中的玉文化》，中共中央党校出版社，2014年版。

杨伯达主编：《中国玉器全集》，河北美术出版社，1993年版。

古方主编：《中国出土玉器全集》，科学出版社，2005年版。

常素霞著：《中国玉器发展史》，科学出版社，2009年版。

杨伯达著：《巫玉之光——中国史前玉文化论考》，上海古籍出版社，2005年版。

杨伯达著：《古玉史论》，紫禁城出版社，1998年版。

杨伯达著：《中国史前玉文化》，浙江文艺出版社，2014年版。

张广文著：《玉器史话》，紫禁城出版社，1989年版。

昭明，利群编著：《中国古代玉器》，西北大学出版社，1993年版。

殷志强编著：《中国古代玉器》，上海文化出版社，2000年版。

尤仁德著：《古代玉器通论》，紫禁城出版社，2002年版。

臧振，潘永安著：《中国古玉文化》，中国书店，2001年版。

辽宁省文物考古研究所编：《牛河梁红山文化遗址与玉器精粹》，文物出版社，1997年版。

浙江省文物考古研究所等编著：《良渚文化玉器》，文物出版社、两木出版社，1990年版。

安徽省文物考古研究所编：《凌家滩玉器》，文物出版社，2000年版。

中国社会科学院考古研究所编著：《殷墟玉器》，文物出版社，1982年版。

刘云辉：《周原玉器》，中华文物学会，1996年版。

刘云辉编：《北周隋唐京畿玉器》，重庆出版社，2000年版。

许晓东著：《辽代玉器研究》，紫禁城出版社，2003年版。

邓聪主编：《东亚玉器》，香港中文大学、中国考古艺术研究中心，1998年版。

古方：《冰清玉洁——中国古代玉文化》，四川人民出版社，2004年版。

孙庆伟著：《周代用玉制度研究》，上海古籍出版社，2008年版。

苏欣著：《京都玉作——中国北方玉作文化研究》，东南大学出版社，2016年版。

赵瑞娟，赵志策著：《肖生玉雕研究》，中国广播影视出版社，2015年版。

荆惠民主编：《中国人的美德——仁义礼智信》，中国人民大学出版社，2006年版。

朱义禄著：《儒家理想人格与中国文化》，辽宁教育出版社，1991年版。

葛晨虹著：《德化的视野：儒家德性思想研究》，同心出版社，1998年版。

方泽编著：《中国玉器》，百花文艺出版社，2003年版。

姚士奇著：《中国玉文化》，凤凰出版社，2004年版。

费孝通主编：《玉魂国魄》，北京燕山出版社，2001年版。

论文类

刘毓庆："补天"考，《贵州社会科学》1991年第4期。

叶舒宪：中华文明探源工程与玉文化研究，《丝绸之路》2017年第16期。

潘禾玮奕：新石器时代晚期至夏商时代黄河中上游玉器研究——兼论早期玉石之路的形成，
　　　　南京大学硕士论文2018年。

王雄：中国与墨西哥玉文化对比研究，山东师范大学硕士论文2017年。

李婷：《说文》玉部字之玉文化解读，天津师范大学硕士论文2015年。

赵毅颖："玉"字考，《华夏文化》2016年第4期。

翟超：黄河中游典型仰韶文化出土玉器研究，《辽宁师范大学学报》2015年第4期。

魏小花：殷墟墓葬玉器之研究，南京师范大学硕士论文2012年。

黄苑：凌家滩遗址出土玉器研究，山东大学硕士论文2011年。

王梦周：《考工记》玉器设计思想研究，武汉理工大学硕士论文2007年。

刘汉景：《诗经》玉文化研究，福建师范大学硕士论文2012年。

张锡勤：试论儒家的"教化"思想，《齐鲁学刊》1998年第2期。

张荣东：论玉德与孔子的修身思想，《北方论丛》2007年第7期。

宇汝松：孔子"仁"、"智"思想研究，《兰州学刊》2014年第7期。

牟钟鉴：儒家仁学的演变与重建，《哲学研究》1993年第10期。

牟宗国：儒家"义"思想的演变，《滨州学院学报》2006年第2期。

刘芳：先秦儒家"义利"思想浅析，《辽宁行政学院学报》2008年第3期。

王涛：孔子"礼"的思想内涵及其当代价值，《理论学刊》2007年第4期。

路景云，路文倩：孔子论"勇"与践"勇"，《武警工程学院学报》2003年第1期。

涂可国：儒家勇论与血性人格，《理论学刊》2017年第4期。

古惠文：略论中国古代儒法道佛的廉洁文化思想，《嘉应学院学报》2010年第9期。

朱海林：先秦儒家智德观述评，《忻州师范学院学报》2007年第4期。

王堃：仁智勇：个体性之路以孔子为代表的儒家"勇"思想探析，《当代儒学》2012年第2期。

唐贤秋：中国古代廉政思想源流辨，《陕西师范大学学报》，2006年第6期。

徐小惠：中国玉文化的内涵研究，《北方文学》2017年第12期。

刘素琴：道教与玉文化，《文史知识》1993年第10期。

（本书的一些参考信息来源于编委会的业务考察、生活阅历及若干未公开发表的资料。考察机构除了各种公立博物馆外，还有台北草山玉溪Garden91空间等文化空间。参考文献除了玉文化相关外，还有慈心广的《慈缘》等文化著作。因数量较大，恕难一一列出，请见谅。）